情绪心理学

赵冬瑶 著

·北京·

图书在版编目（CIP）数据

情绪心理学 / 赵冬瑶著.
——北京: 中国经济出版社, 2020.1
ISBN 978-7-5136-5836-2
Ⅰ.①情… Ⅱ.①赵… Ⅲ.①情绪—心理学 Ⅳ.①B842.6
中国版本图书馆CIP数据核字（2019）第182830号

责任编辑　海　毅　闫　丽
责任印制　巢新强
封面设计　任燕飞工作室

出版发行	中国经济出版社
印 刷 者	北京富泰印刷有限责任公司
经 销 者	各地新华书店
开　　本	880mm×1230mm　1/32
印　　张	7.25
字　　数	120千字
版　　次	2020年1月第1版
印　　次	2020年1月第1次
定　　价	45.00元

广告经营许可证　京西工商广字第8179号

中国经济出版社 网址 http://www.economyph.com 社址 北京市东城区安定门外大街58号 邮编 100011
本版图书如存在印装质量问题，请与本社销售中心联系调换（联系电话：010-57512564）

版权所有　盗版必究（举报电话：010-57512600）
国家版权局反盗版举报中心（举报电话：12390）　（服务热线：010-57512564）

在信息洪流的裹挟下,我们变得越来越焦虑;在钢筋水泥铸成的城市里,我们变得越来越孤独;在励志故事满天飞的时代,压力反而越来越大;我们迷失在对物欲的追求中,越来越不幸福……

当下,每个人对幸福和痛苦的感受尤为敏感。看起来每天都在努力地让自己变得更好,实际上消极情绪越来越多,于是我们把希望寄托在掌控自己的情绪上。我们像医生一样,拿着一个放大镜反观自身,寻求很多方法来治疗自己的消极情绪。我们总希望可以有立竿见影的效果,总希望有一个简单易行的方法可以解决所有的情绪问题,最好一次使用,终身有效,从此喜悦常伴，人生无忧。我们对方法的追捧往往大过对背后规律的探寻。

一个人，无论是身体结构还是精神体系都非常复杂，人是大自然造物主的伟大成果，是一个极其高级的系统。哲学家叔本华说过："每个人都将自己视野的极限当成世界的极限。"无论我们是否愿意接受，人的一生都离不开"学习"这两个字，不断提高认知，追求事物的本质，更好地认识自己，更好地掌控世界背后的规律。否则，只能靠应激反应来度过一生。

情绪是我们与外界交流的语言，是一种能量传输。我们需要提升与世界交流的效果，更加了解世界，而不是否定规避情绪。情绪像感冒发烧一样，不会被杜绝，不会因为一次治疗就能拥有幸福的一生，这不是一劳永逸的事情。感冒发烧会随着季节时令反复出现，情绪也一样，每天的所思所想会反复发生变化。

不要试图"杀死"情绪，而是增强自己的免疫力，去调节和平衡情绪。增强免疫力的方法是你人生的意义、你对当下的觉察、你的格局，等等，一切的修行。人生就是一场修行，情绪是局部，人生才是整体。要妥善处理好局部与整体的关系，有适宜的整体，自然就会有好的局部。如果一味地追求好的局部，可能会伤害你的整体。

企业家王明夫先生曾说："人生如莲，人生就像是睡莲，成功是浅浅地浮在水面上的那朵看得见的花，而决定其美丽绽放的是水面下那些看不见的根和本。莲花初绽，动人心魄，观者如云，岂知绚烂芳华背后是长久的寂寞等待。"情绪也是如此，情绪就是那朵绽放在水面上的莲花，而决定其美丽绽放的是我们心里那些看不见的根和本。我们的根部要不断生长，正所谓"态度决定命运，气度决定格局，底蕴的厚度决定事业的高度"，让你的情绪之花美丽绽放。

幸福快乐是一种选择，情绪平衡是一种能力，这种能力不是一朝一夕就可以获得的，而是需要平时的点点滴滴，需要漫长的岁月加持，需要无数次内心的起伏与挣扎。希望你历尽千帆，归来仍是少年；希望你内心火热，但眼神依然清澈；希望你可以坚定地告诉自己：无论此生境遇如何，我都有信心过好这一生。

第1章　正视自己，找到情绪的原点

情绪的表现是人生的一种表现，情绪管理是人生管理的一部分。为了更好地理解情绪，我们必须回溯到人本身。稻盛和夫曾经问："生而为人，何为正确？"对此，你的答案是什么？我们的人生剧本是提前设定好的吗？我们的人生与影视剧一样会有背景音乐吗？

第1节　戒掉情绪，就是囚禁了自己的人生 / 2

第2节　生而为人，你的选择是什么 / 8

第3节　找到"背景音乐"，调整情绪的平衡线 / 19

第4节　发现人生剧本，找到情绪的场域 / 25

第2章　重新认识情绪，揭开情绪的面纱

情绪的本质是什么？本质是人对外界的反馈，情绪的表现不仅是我们的主观感受，还有生理表达与外部表达之说。情绪是否分为好坏，取决于我们对情绪的态度。情绪是一种能量，需要让它流动起来。我们需要像重视自己的生命一样，重视自己内心真实的感受。

第1节　明白情绪的本质，把控情绪的表现 / 32

第2节　情绪不分好坏，你的反应决定了情绪的价值 / 42

第3节　打开情绪的枷锁，让情绪流动起来 / 48

第3章　学会哲学思辨，拥有情绪觉察能力

情绪的产生是建立在现实基础之上的，无论这是真实的现实还是我们想象的现实。我们需要用哲学思辨的方法对现实进行分类，进而决定我们的情绪反应。在现实分类的基础上，我们需要学会对情绪的觉察，需要带着对世界的善意来看待这个世界。

第1节　学会哲学思辨，巧妙区分掌控感 / 60

第2节　觉察情绪，走向情绪平衡的必经之路 / 70

第3节　对世界的善意，是情绪觉察的基础 / 78

第4章 重视理性的思考，情绪管理不仅仅依靠情商

你认为情绪管理等于情商吗？实际上，仅仅依靠情商来管理情绪还远远不够。情绪是人类对外界的反应，其中既有分析判断，也有主观感受。在外界环境如此多变的情况下，时代对每个人的情绪管理都提出了更高的要求。学会独立思考，学会区分事实和观点，让你不被情绪牵着鼻子走。

第1节　善用智商，避免无谓的情绪 / 82

第2节　学会独立思考，让你不被情绪牵着鼻子走 / 85

第3节　分清事实和观点，不战而屈人之兵 / 92

第4节　向现实臣服，并不等于"妥协" / 100

第5章 掌握认知疗法，摆脱思维的桎梏

提到情绪管理，离不开埃利斯的ABC认知疗法。我们都可以试着拆掉思维的墙，找到重重束缚下的自己。他人是否是地狱，他人是否会影响你的情绪，甚至断送你的人生，取决于你有没有独立个体，取决于你有没有与世界相处的能力。看见自己，走向属于自己的未来。

第1节　找到情绪背后的信念，发现影响情绪的秘密 / 110

第2节　拆掉思维的墙，打破限制你的樊篱 / 118

第3节　他人非"地狱"，找到真实的自己 / 127

第4节　看见自己，走向你的未来 / 137

第5节　自我接纳，走出孤单的城堡 / 144

第6章　自我修复，在"人艰不拆"的现实中保持元气满满

越长大，越孤单，对我们来说似乎是一个共识。生活不易是否是常态，你或许有自己的看法。虽然每个人都会有情绪的低谷，有人生的至暗时刻，但是未来依然可期。有时候，我们需要学会给自己鼓掌，从一些小小的改变开始，开启情绪饱满的人生。

第1节　生活不易，可以不是一种常态 / 150

第2节　面对"至暗时刻"，不要觉得未来无望 / 156

第3节　以终为始，朝着自己的目标过好当下 / 163

第4节　给自己鼓掌，不要失去肯定自己的能力 / 170

第5节　修复自己，从小小的行动开始 / 173

第7章　营造良好的人际关系，为情绪保驾护航

没有人是一座孤岛，每个人都处在人际关系之中，我们的情绪不可避免地会受到人际关系的影响。良好的人际关系对情绪健康有重要作用，反之，消耗性的人际关系则会给我们的身心带来严重的伤害。人际关系是不断动态变化的，我们需要在关系中看到自己，建立自我认同，避免陷入消耗性关系，为拥有健康的情绪奠定基础。

第1节　良好的人际关系，对情绪而言意味着什么 / 180

第2节　在人际关系中看见自己，是健康情绪的基础 / 184

第 3 节　在关系中建立自我认同，发展积极情绪 / 192

第 4 节　学会应对消耗性关系，避免自己受到伤害 / 200

第 8 章　勇敢做出改变，拥有创造幸福的能力

人生的使命是创造幸福、快乐和自由。我们的人生有改变和坚持，有物理反应和化学反应。我们会旅行，换一个频道看自己，会逃避，会重生。希望你内心坚定地告诉自己：无论此生境遇如何，我都有信心过好这一生。

第 1 节　由内而外，实现人生的蜕变 / 208

第 2 节　学会平衡情绪，创造幸福、快乐和自由 / 216

正视自己，
找到情绪的原点

第 1 章

情绪的表现是人生的一种表现，情绪管理是人生管理的一部分。为了更好地理解情绪，我们必须回溯到人本身。稻盛和夫曾经问："生而为人，何为正确？"对此，你的答案是什么？我们的人生剧本是提前设定好的吗？我们的人生与影视剧一样会有背景音乐吗？

第 1 节

戒掉情绪，就是囚禁了自己的人生

塞内加尔是非洲西部的一个小国。当地的沃洛夫人生活的社会是一种对权力和地位有严格界定的社会。其中，上层阶级对其情绪的表达有很大的节制，因为他们认为自由表达自己的情绪是不庄重的。而下层阶级在情绪表达上则有更大的自由度。

一天下午，一些妇女（五个贵族和两个贫民）在城镇边缘的一口水井旁聚集。这时候，突然有人从井口一步跨过去，结果掉进了井里。对于这种明显的自杀行为，贵族妇女仍然面无表情地继续聊天，而贫民妇女则尖叫起来。

这是在我学生时代心理学课堂上听到的案例。对贵族妇女的表现，我感觉有些惊悚。一个鲜活的生命在自己眼前逝去，贵族

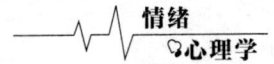

妇女居然面无表情、毫不在意,像一个呆滞的木偶人。

有人认为,戒掉情绪就是"泰山崩于前而色不变,麋鹿兴于左而目不瞬";有人认为,戒掉情绪就是"不以物喜,不以己悲"。这些想法都曲解了古人的意思。一个人,如果真的戒掉了情绪,就会变成一个没有任何同理心和共情能力的行尸走肉,从某种意义上也就意味着生命的终结。

情绪是不可能戒掉的,因为情绪是人与世界交流的语言。

每个个体都由两部分组成。一部分是物质实体,就是我们的身体,我们需要给它穿衣御寒挡风,需要定时吃饭给身体补充营养。另外一部分是精神,人类区别于草履虫这样的单细胞动物的原因,就是人类可以思考、可以表达,有丰富的精神世界。而丰富的精神世界又带领我们创造了丰富的物质文明。

办公室的绿萝,只要有一点光和水就可以繁衍生存,而人的身体不能靠光合作用吸收养分。人需要从外界索取生活物资。从呱呱坠地的那一刻起,人们就开始了从外界索取生活物资,直到死去。

在襁褓中时,是父母为我们提供生活物资。如果没有得到满足,我们就会哇哇大哭;如果父母满足了我们,我们则会感到愉快和安全。成年之后,我们参加工作,开始从社会中获取生活物资。如果领导批评了你，你感觉到不被认可，感觉到低落，也会更好地改进自己；如果领导表扬了你，你感受到了被激励，感受到了快乐，就会更加努力。

情绪在人的一生中扮演着什么角色呢？情绪是一个人与外界互动的晴雨表，你与世界交流是否顺畅，情绪会告诉你。个体只要与外界的互动和交换在，情绪就在，即使是神志不清醒的病人，也依然拥有情绪。

情绪不能戒掉，那为什么有些人看起来没有情绪呢？因为，情绪可以被压抑。

2008年，我面临着毕业找工作。当时正赶上经济危机，工作机会非常少。系里老师介绍我和另外一个女孩去一家大公司实习，我们俩非常珍惜这个实习机会，希望毕业之后可以留在这家公司。但是，事情却没有我们想象的那么顺利。

入职第一天我们就发现，整个部门的同事都非常严肃，即使中午一起吃饭也很少闲聊。后来，我慢慢发现，如果大家很开心，部门领导Ivy就会发脾气，认为大家放松懈怠没有好好工作。

我们被安排跟着Ivy做一个《领导力落地》的项目，需要做高管访谈，我们的工作是做记录。那时候我们没有录音笔，全部需要靠笔来记录。有一次，访谈一个香港籍高管，他的香港普通话中夹杂着专业名词术语，听得我俩面面相觑，因为很多内容都听不懂。那天晚上我们回到实习生宿舍，熬夜整理了一个晚上，第二天把记录打印出来整整齐齐地放在Ivy的办公桌上。过了一会儿，我们听到了Ivy高跟鞋急促而有节奏的声音越来越近，我们紧张到了极点。果然，Ivy把它甩向了我们，一沓白色的A4纸砸到我们身上后洒落在地上。接下来就是Ivy长达半小时的训斥，我们默默地流着泪，Ivy却很生气地说："你们哭什么哭？要哭回家去哭！我最不喜欢哭的人！"

从那时候开始，为了能够留下来我开始收敛自己的情绪，除了工作需要我没有多余的话，也没有多余的表情，更是为了避免被找麻烦。一年后，我迫不及待地离开了那家公司。

你可能会说，压抑情绪也没什么不好，起码显得成熟、大气、稳重、有格局。事实上，经常的情绪压抑会严重损害心理健康。

我的老家有个习俗，家中如果有老人去世，儿子是不可以哭的，因为儿子要操办丧事。闺蜜姥姥去世的时候，她陪妈妈回老家奔丧。葬礼当天，母女俩哭得昏天暗地，而闺蜜的舅舅作为家中长子，前前后后操办丧事，一直是面无表情。邻里都夸她舅舅有能力。

葬礼结束之后，闺蜜和妈妈很快恢复了正常的工作和学习，但闺蜜的舅舅却无法恢复到正常的工作中。舅舅在上班的时候会默默地发呆而无法投入工作；他拒绝应酬，只要有时间就待在家里，基本上也不说话；饭也吃得越来越少，因而日渐消瘦。后来，舅舅被确诊为严重胃溃疡和抑郁症，只能停止工作接受治疗。

闺蜜舅舅生病的原因有很多，其中一个很重要的诱因就是母亲的去世。他的悲伤在当时被压抑了，乃至后来需要更多的时间来释放。美国知名心理咨询专家约翰·A.辛德勒（John A.Schindler）曾经专门写了一本书，阐述情绪对健康的影响。辛德勒在书中说："大部分疾病都是负面情绪引起的，负面情绪让你罹患各种疾病，情绪影响着我们的免疫系统、呼吸系统，并通过腺体诱发疾病。"如果压抑负面情绪迟迟不能释放，会给身体带来严重的伤害。

人类的大脑不是电脑，无法一键删除自己不愿意面对的事情，无法删除不想拥有的情绪。每一个健康的个体，都与外界有良好的互动和感知，都拥有饱满的情绪。幻想彻底戒掉情绪，就是隔断了自己与外界的联系，希望自己像一个高效、理性的机器

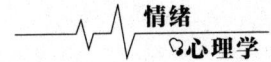

人一样去生活和工作。如果只有这样才能成功，那么成功又有什么意义？

《道德经》第二章："天下皆知美之为美，斯恶已；皆知善之为善，斯不善矣。有无相生，难易相成，长短相形，高下相盈，音声相和，前后相随，恒也。"没有无，也就不存在有；没有难，也就没有易；没有失望，你也不会感受到希望；没有失去的遗憾，就没有得到的珍惜；没有失败的痛苦，就没有成功的喜悦。如果戒掉情绪，就是囚禁了自己的人生。

第 2 节

生而为人,你的选择是什么

在我们的一生中,有一个不可回避的问题:人活着有什么意义?自我与世界,究竟是什么关系?这个问题,每个人都躲不开。人生意义的选择决定了我们对生命的态度,也决定了我们对待情绪的基调。

在物质贫乏的年代,人们面临的主要是生存问题。如何养家糊口,如何为经济发展做出贡献,是他们主要考虑的问题。

对于出生在改革开放以后的人们,在物质相对优渥的生活条件下,人们在精神层面就会有更高的追求。他们会迷茫、会焦虑、会怀疑自己……"人生的意义是什么"是这一代人都要面临的问题。

1. 人生的意义与情绪的关系

颜回是孔子最得意、最喜欢的弟子,"惜字如金"的《论语》记载了孔子四次夸赞颜回。有一次,孔子无缘无故地突发感慨说:"贤德啊,颜回!一箪食,一瓢饮,在陋巷,人不堪其忧,回也不改其乐。贤德啊,颜回!"

颜回十四岁拜孔子为师,为人谦逊好学,"不迁怒、不贰过",知行合一,身体力行,追随孔子奔走各国。颜回致力于传播孔子的思想,跟随孔子周游列国期间,颠沛流离,屡屡碰壁,受到误解、打压也不生气悲伤,回到鲁国之后物质贫乏,身处陋巷,依然不改其乐。颜回一生没有做过官,也没有留下什么作品,仅有片言只语记录于《论语》中。颜回寿夭,孔子非常悲恸,哀叹说:"噫!天丧予!天丧予!"孔子当着其他弟子的面直言:"颜回死了,世上再也没有这么好学的人了。"颜回,没有做官,也没有钱财,一介贫民,穷居陋巷,但荣为孔门七十二贤之首,后世尊其为"复圣"。颜回一生,可以说是君子温润如玉的典范,个性温和,性情、态度、言语不严厉也不粗暴,令人感到亲切,是一个现在意义上情绪稳定的成年人。

反观我们身边,有很多人表面上看是个性飞扬、活出真我、我的生活我做主,实质上是内心荒芜、精神上无依无靠。

2017年热播的电影《芳华》，讲述了文工团里几个不同人物的命运。男主角刘峰就是文工团里的活雷锋，是全军的"学雷锋"标兵。刘峰到底好成啥样？反正文工团任何人有麻烦都会想到找他帮忙，而刘峰也是有求必应。从追跑走的猪到给战友做沙发，刘峰既肯干又手巧。甚至，因为没人愿意吃破皮饺子，所以他在食堂都专拣烂饺子吃。

刘峰做尽好事，但只因一次不成熟的表白却被集体抛弃了；后来在战场上，他出生入死抗击敌人；回归生活，他落魄不堪、穷困潦倒。剧中其他自私的人物反而过上了物质相对好的生活，获得了世俗意义上的成功。

电影获得了很高的评分，影评褒贬不一。有人说刘峰很傻，不懂为自己争取；有人说刘峰很伟大，是人性辜负了他。大家的评论如何并不重要，每个人都有自己的判断，这反映了每个人对生命价值意义的认定。

一个人对生命价值意义的认定决定了他看待世界的方式。当世界没有按照预期的方式发展时，人们就会出现消极的情绪；当世界朝着预期发展时，人们就会出现积极的情绪。怎么看待人生，从某种意义上决定了人们如何看待情绪。

拥有情绪管理能力的首要前提就是承认自己的无能。

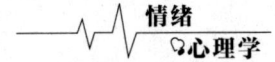

我的朋友小A是一个爱笑的阳光女孩。但是自从她母亲去世之后，她就陷入了深深的自责中，每天把自己关在房间里发呆，更不能正常地工作和参加社交活动。

小A出生在北方偏远的一个山村，在学生时代，她是村里学习成绩最好的那个孩子。她所在的山村有重男轻女的思想，不提倡女孩子读书。但是小A非常喜欢读书，希望可以通过考大学，走出山村。小A的母亲虽然小学都没毕业，却是一个目光长远、意志坚定的人，母亲说服了父亲和爷爷，让她得以继续读书。

小A也很争气，考上了南方的一所985大学。她在大学里努力读书，同时勤工俭学养活自己。大学毕业之后，她被顺利保送研究生。在读研究生期间，跟着老师做项目，一部分收入还可以补贴家用。毕业之后，她如愿以偿地被心仪的企业录用。

当她觉得可以开始回馈母亲的时候，母亲却病了，医生确诊为恶性肿瘤晚期，不久就撒手人寰。这些年来，小A在外地上学，寒暑假全部用来打工赚钱，因此很少回老家。而"希望有朝一日可以不辜负母亲的期望"是支撑她勤奋努力的力量。

母亲去世后，她的整个人生都坍塌了。她不知道自己这样努力的目的是什么？难道是为了离家千里不能常伴母亲吗？难道是为了取得令全村人羡慕的学历吗？难道是为了满足自己的虚荣心吗？随之而来的是深深的自责，她觉得自己非常自私。如果不是因为自己坚持想读书，母亲就不用那么操劳；如果不是因为自己坚持要读书，也许就可以陪伴在母亲身边，早些发现母亲的病情……

小A向公司请假一个月。这一个月，她每天躺在床上发呆，饿了就啃几口面包，渴了就喝几口水。我去看她的时候，她整个人清瘦了很多。

我问她："你觉得母亲的去世，是你的原因吗？"

她说："有一部分是。"

我问："如果你不考大学，在村子里早早结婚，陪伴在母亲身边，母亲就不会得癌症吗？"

她说："是的。"

我问："你陪在母亲身边，母亲就不会得癌症。你确定吗？"

她迟疑了，没有回答我。

我问："母亲得了癌症，你有办法去改变吗？"

她说："没有办法。"

我问："你承认自己对母亲得了癌症这件事情无能为力吗？"

她沉默了。

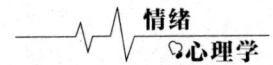

我临走的时候对她说:"你必须承认自己对某些事情是无能为力的,因为世界的运转不是以你的意志为转移的。也许在读书的时候,你只要努力就可以获得好的成绩,获得老师的赞许和同学的羡慕。但是生活本身远比读书要复杂。"

当她开始承认自己的无能为力时,她抑郁和自责的情绪就慢慢减少了,后来她终于重返工作岗位,开始了正常的生活和作息。

去年寒假我去妹妹家玩,两岁的外甥正在看电视里播放的一个很流行的动画片。动画片播完一集之后就开始插播广告。

外甥大哭起来:"我不要看广告,我不要看广告,我要看动画片,我要看动画片……"

我跟他说:"你知道什么是'等待'吗?"

外甥停住哭闹好奇地看着我,他可能以为'等待'是一个好玩的东西。

我说:"电视上放广告,这个不是你的妈妈可以决定的,你的妈妈也没办法。有些事情就像天要下雨一样,我们也没有办法,我们要学会'等待'。"

外甥听我说完,继续大哭:"我不要等待,我不要等待,我要看动画片……"

我和妹妹都笑了。

成年人不会因为电视上播放广告就大哭,因为我们知道,是否播放广告是电视台决定的,我们没有办法去改变。但是对于其他的事情,我们往往会高估自己的判断力。我们必须承认,世界是客观存在的,是不以我们的意志为转移的。就像人有生老病死,月有阴晴圆缺,春有万花盛开,冬有万物凋零,山不会无陵,天地不会合一样。

2. 情绪良好的前提是承认人的多样性

我们都喜欢大自然,喜欢清新的空气,流淌的溪水,满眼的翠绿,大自然是人类真正的老家。钢筋水泥的城市阻断了人与自然的交流,却无法割断人对大自然的向往。大自然中各种各样的花儿姹紫嫣红,有人喜欢妖艳的玫瑰,有人喜欢清淡的兰花。对于各种不同的花儿,我们都抱着欣赏的态度,对不同的人也要如此。而人生的乐趣就在于人的多样性。

在世俗的意义上,我们认为"努力奋斗,实现财富自由"是好的,"安于现状,沉迷小幸福"是不好的;在修行的层面上,我们认为"淡泊名利,宁静致远"是好的,"追求物质生活,过

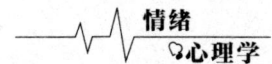

度劳心劳神"是不好的。当我们坚持认为自己的观点是正确的时候，就会对别人带着批判的态度和鄙夷的情绪。

在一次MBA的课堂上，主讲老师是一位非常有名的企业家。凭借自己的努力，他在三十四岁时就实现了财务自由，现在年逾五十，依然勤勤恳恳，管理着一家庞大的集团公司。在我们心中，这位老师是励志的楷模。我们认为他一定是提倡奋斗，而排斥安于现状的。

但在谈到人生理想和人生意义时，这位老师说："现在的我，肩上的担子很重，非常操心。很多人没有什么大的志向，每天想着做好自己的本职工作，然后享受生活和人生，我非常羡慕这种人。我很喜欢和这类人交朋友，跟他们一起聊聊天，放松一下自己的神经。如果你身边有这样的朋友和家人，拜托你千万不要试图改变他，因为这样真的很幸福。世界不需要所有人都按照一个模式生活。"

类似的课我听过很多，大部分老师是教我们如何抓住风口，如何觉察政策，如何体察人心。只有这位老师，他告诉我们要尊重人的多样性，不能教别人生活。试想在这个世界上，如果每个人都想成为企业家，那么那些非常重要但是基础的工作谁来做呢？大到人生理想，小到生活习惯，都是如此。

有些人爱干净，喜欢把房间收拾得井井有条；有些人不爱干净，房间里面总是乱糟糟的。在现实生活中，很多情侣或是夫妻之间的矛盾，往往不是什么大是大非，而是一些小事情。如果是坏习惯则改之，如果不是坏习惯，而只是与你不一样的习惯就不一定非要改。"与你不一样的习惯"不等于"坏习惯"，我们要学会接纳生命的多样性，接纳人的多样性。

3. 生命意义的追寻

库布里克曾说过："生命的无意义，迫使人去创造自己的意义，不管黑暗多么广阔无边，我们必须拥有自己的光明。"

美国心理学家阿尔伯特·埃利斯在一次访谈中说："我们不是被邀请到这个世界上来的，生活本身没有意义，而是我们给予了它意义。我们赋予生活意义的方法是，决定什么是我们喜欢的，什么是我们不喜欢的，什么是我们的目标，从而为我们自己选择了意义。"

人的一生，在银河系几亿光年的进化中，只有一瞬间，何其短暂；在广袤的天地间，不过一粒尘埃，何其渺小。人生本没有意义，需要你赋予它意义。

你可以觉得生而为人，诸多无奈，带着悲伤的情绪生活；你

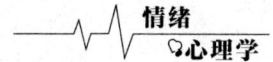

也可以觉得生而为人，必须精彩，带着快乐的情绪生活。无论你选择何种方式，都是你仅有一次的人生。

从人生理想的角度，你可以发愿成为一位企业家、学者、科学家，为人类的发展做出贡献；你也可以发愿成为一位普通人，安安稳稳地做好自己的本职工作，让社会得以良性运转。无论如何选择，你必须明白每种选择背后的意义，需要的付出和可能的牺牲。从处事的角度，你可以选择成为一个斤斤计较、闷闷不乐的人，你也可以选择成为一个心境豁达、心胸开阔的人。

微信朋友圈中，经常有各种励志的文章，告诉你该如何生活，告诉你要做一个情绪稳定的中年人。我们听了很多道理，却依然过不好这一生。那么，所谓的鸡汤有没有用？网络上有一首很有意思的警示诗《鱼汤》：

我对鱼说：

"来吧！

来岸上吧！

辞掉你水中的工作，

在旅游中升华自我，

告别那水中的污浊，

让天空净化你的魂魄。"

鱼对我说：

"如果我信了你的心灵鸡汤，

今晚我就会变成鱼汤。"

鸡汤或圣道，究竟有没有用？我们该如何看待别人传授给我们的经验。答案是：主要取决于你自己。如果当你缺乏立场、思想和价值判断，那么大量的知识和道理都于你无益。因为你不知道什么是对的，也不知道什么是错的，知识和道理，对你而言即使不是毒鸡汤，也只能是徒增其累。

企业家王明夫先生曾在课堂上问大家："自我与世界，究竟是个什么关系？"你总得去面对、去思索、去做出某种认定或选择。关于自我与世界的关系，笛卡尔的回答是：我思故我在；王阳明的回答是：心即理，心外无理、心外无事、心外无物。这不是一个科学或事实意义上的判断和真理，它是笛卡尔和王阳明所做的一种"认定"和"选择"。你未必要接受他们的认定和选择，也完全可以无视他们的存在，关键是你的认定和选择是什么。

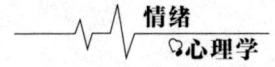

第 3 节

找到"背景音乐",调整情绪的平衡线

在影视剧的制作中,制作人都知道背景音乐的重要性,有时甚至会不惜花费巨资请知名音乐人和歌手来呈现。

在需要情绪渲染的情节场景中,总有背景音乐恰到好处地响起;在悲伤的情节中,悲伤的音乐会让观众深受触动,潸然泪下;在欢乐的情节中,欢快的背景音乐更容易让观众喜笑颜开;在紧急危险的情节中,紧张的背景音乐会让观众心跳加快。一部好的影视作品,必须要有很好的情绪渲染能力和比较强的代入感,才能引起观众的共鸣。

其实,人生也有"背景音乐",我们有时候开心,有时候悲伤,有时候害怕,不同的时间段,背景音乐也不同。但是,无论背景音乐如何变化,一定有一个主旋律在背后起作用,就像喜剧的主旋律是欢快的,悲剧的主旋律是悲伤的,但有些人看起来总是保持积极的情绪,其实底色却十分悲凉。

1. "背景音乐"的形成

背景音乐的形成主要有两个因素:一是我们从小到大的生活环境,其中小时候的生活环境影响更大一些;二是我们自身对待生活的态度。

我有个同事,每天都是一副忧郁的表情。周五大家一起聚餐聊天,她总是默默地坐在角落里,偶尔说话也是小心翼翼地看着大家。不说话的时候,她会认真地听别人说话,但眼神里总有一种淡淡的忧郁。同事说了一个笑话,大家"哈哈哈"地笑起来,她只会象征性地翘起嘴角,看起来很不合群。

后来大家走得越来越近,我才慢慢了解到她总是不开心的原因。她家境不太富裕,母亲整天愁眉苦脸地为了生活唉声叹气,对她而言,如果自己开心了,就好像是对母亲的一种背叛。因为她从小的生活环境是忧郁艰难的主旋律,再加上她自己认同了这种对待生活的态度,所以她也变得闷闷不乐。她受过良好的高等教育,因此不会经常唉声叹气,不会把这种情绪表露出来。但是

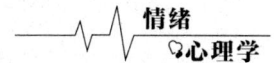

从她忧郁的表情中,我能感受到她人生的主旋律是悲伤的、压抑的。

在《红楼梦》中,人生背景音乐比较明显的就是林妹妹,天生忧郁爱哭。跟宝玉不吵架的时候,会稍微开心一些,但是这种开心里也有着一种深深的悲伤。游鸿明有一首老歌《你连笑起来都不快乐》,其中的歌词是:"你连笑起来都不快乐,你连做着梦都泪流……"这可能是最符合林妹妹的背景音乐了。

你人生的背景音乐是快乐的,还是悲伤的?人生的背景音乐是情绪的底色、是土壤。我们经常看到新闻,某个非常爱笑的人,突然得了抑郁症自杀了;某个看起来情绪非常平和的老好人,突然暴怒杀人了。其实,这并不奇怪。我们潜意识中会隐藏自己的人生背景音乐,爱笑的人,可能背景色是充满悲凉的;情绪平和的人,可能是一直在压抑自己生命本能的躁动和不安。

2. 人生背景音乐的识别

日本设计师山本耀司说:"自己这个东西是看不见的,撞上一些别的什么,反弹回来,才会了解自己。所以,跟很强的东西、可怕的东西、水准很高的东西相碰撞,然后才知道自己是什么,这才是自我。"人生背景音乐跟"自己"一样,自己是很难看到的，因为它和我们的呼吸一样，已经悄无声息地渗透到我们的每个毛孔中，它需要借助别人的反馈与外界的对照才能识别。

别人的反馈。我们的密友就像是自己的镜子，可以照出自己的样子。可以多向不同的朋友询问一下，他们对你的印象如何，他们认为你经常的情绪状态是怎样的。询问过几个人之后，你会发现，对于自己的情绪状态，别人和你的判断真的会很不一样。

自我观察。平时我们可以多注意观察自己，比如你喜欢听的歌大部分是什么样子的，你喜欢的文章大都是哪一类的。你会发现，有些人听的歌曲，是比较悲伤的；有些人听的歌曲，是比较欢快的。

人生背景音乐的影响是潜移默化的，通常会体现在人的容貌上。我们和别人初次见面时，都会对这个人产生第一印象。有时候我们觉得这个人是长得比较喜庆的，给人非常快乐的感觉；有时候我们觉得这个人是长得比较悲伤的，给人非常压抑的感觉。

我们公司有两个负责卫生清洁的阿姨，主要负责楼道、卫生间和茶水间的卫生。两个阿姨的年龄大概在50～55岁，她们的工作内容相同，她们的体形也都差不多。常年的辛苦劳动，使她们的双手显得很粗糙，皱纹也已经爬上了她们的额头，但是两个人的情绪状态却完全不一样。

A阿姨见到我们就会微笑。如果她正在拖地，会笑着提醒说："注意别滑倒。"她笑起来的样子很和蔼，是劳动人民那种质朴的笑容，像来自山间的风，像山谷边小溪的潺潺流水。

B阿姨则相反。她喜欢默默地拖地，见到我们也装作没看见，假如我们和她迎面走来，跟她打招呼，她也不会笑，只是低低地应一声。她的眼睑下垂，泪窝很深，给人的感觉像上一秒刚刚哭过一样。每次看到她脸上的情绪，就担心是不是自己哪里做错了，忍不住反思自己：我喝剩的茶叶没有乱倒吧，我上完厕所都冲水了吧……

人生背景音乐可以通过别人的反馈和自我观察来发现。从物理学的"守恒定律"来看，世界能量守恒，万事万物只要存在都会留下痕迹。

3."背景音乐"的呈现

泰勒·本·沙哈尔是哈佛大学心理学硕士、哲学和组织行为学博士，是知名的心理学家。他在哈佛大学的幸福课上讲道："每个人的幸福程度都有一条平衡线，人的幸福指数会沿着这条线波动，但终究会回归这条平衡线。"比如，你的幸福程度在50分位，突然，你心仪的男神向你表白，你的幸福程度会上升至80

分位，但几天后，你的幸福感还是会回归到50分位。反之亦然，比如，你突然发现自己相恋多年的男朋友移情别恋了，你痛不欲生，你的幸福程度会降至10分位，但一段时间后，你的幸福程度依然会回归到50分位。

人生的"背景音乐"就是情绪的平衡线。如果你的平衡线是悲伤的，那你的大部分情绪也是悲伤的，即使你体验到了快乐的情绪，也可能会觉得那并不真实，一段时间后，你还是会回归到悲伤的平衡线。如果你的"背景音乐"是欢快的，即使有巨大的人生变故，你觉得自己陷入了万劫不复的深渊，无比悲伤，一段时间后，你的情绪还是会回归到正常的状态。想要调整自己情绪的平衡线，就要努力识别自己的"背景音乐"，慢慢带动它找到你想要去的方向。

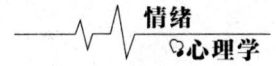

第 4 节

发现人生剧本，找到情绪的场域

奥地利诗人赖内·马利亚·里尔克曾说："我们所谓的命运是从我们体内走出来的，并不是从外边向我们身体里走进去。"

如果我问你，你希望快乐幸福吗？你的答案应该是肯定的。如果我再问你，你是一直在追求快乐和幸福吗？你的答案应该也是肯定的。但是，在实际的生活中，很多人并不是在追求快乐和幸福。

古希腊神话中有个悲剧人物叫西西弗斯。他触犯了众神，诸神为了惩罚他，便要求他把一块巨石推上山顶。每当西西弗斯快要到达山顶时，那块巨石就会跌落下来，前功尽弃，于是他只能不断重复、永无止境地做这件事情。诸神认为再也没有比进行这种无效无望的劳动更严厉的惩罚了。西西弗斯的生命就在这样一件无效又无望的劳作中慢慢地消耗殆尽。这就是神话中众神给西西弗斯写的人生剧本。

西西弗斯看起来是在努力完成自己的任务，但是终其一生都无法抵达山顶。因为诸神为了惩罚他，已经为他写好了人生的剧本，他只能按照这个剧本不停地重复。

我们的人生有剧本吗？答案是肯定的，我们每个人都有自己的剧本，有自己的内心剧场。

我们的人生看似是由一些偶然的事件串联起来的，但这些偶然的事件连接到一起，就是必然的。人的行为具有连续性，我们的人生也是一个个连续的点，看一个人过去的点，就可以发现他当下和以后的走向是怎样的。

1. 一样的才华，不一样的人生

杨绛和张爱玲是同一时代的两位杰出女性。杨绛比张爱玲大9岁，两位都是才女，学贯中西、博闻强识，但是两人却拥有迥然不同的人生。

张爱玲7岁开始写小说，12岁开始发表作品。晚年，却孤寂死在异国他乡的美国，而且去世一周后才被邻居发现。她的文字充满着对生命的欲望和嫌弃、希望和绝望。她曾在文中写道："人生是一袭华丽的旗袍，里面爬满了虱子。"华丽旗袍是她生命的欲望和希望，虱子是她的绝望和嫌弃。

张爱玲写的自传体散文《小团圆》，其中关于堕胎经历部分的内容，描写得令人毛骨悚然，透露出冷冷的绝望，仿佛是在寒冷漆黑的郊外，一个四面透风的茅屋，黑暗、寒冷、绝望和孤独。无论外界环境如何，对她而言，永远是漆黑一片，抑或是黏稠的混沌无法挣脱。当她和胡兰成热恋时，她依然是惴惴不安的。正如她写的："遇见你我变得很低很低，一直低到尘埃里去，但我的心是欢喜的。并且在那里开出一朵花来。"后来，胡兰成见一个爱一个，先后出轨朋友的妻子，养个病也不忘记出轨护士。在他们分手之后，张爱玲把自己的大额稿费都寄给了胡兰成。张爱玲觉得自己很低很低，而胡兰成对她的爱是一种施舍，所以哪怕胡兰成辜负了她，她还是重金相送。

杨绛也是年少成名，后来嫁给了钱钟书，才有了那段脍炙人口的情话，钱钟书说："遇见你之前，我从未想过结婚，遇见你之后，我从未想过娶别人。"往后的日子里，两个人一起经历了"十年动乱"，经历了物质贫乏的时代。但他们互相扶持，互相鼓励，一起走到人生的终点。钱钟书先生去世之后，杨绛写了回忆录《我们仨》,文章中满是点点滴滴的回忆,小小的、平凡的幸福,洋溢着满满的烟火气,就如同在一个阳光明媚的午后,在一个美丽的世外桃源,院子里鲜花盛开,瓜果成熟,小鸟在枝头飞来飞去,小猫在屋檐下打盹一般。对于杨绛和钱钟书先生来讲,无论外界的环境如何,家永远是他们的世外桃源。

我们很容易把两个人的不同人生归结为爱情和婚姻的重要性,鼓吹要去遇见对的人。其实,我们一生会遇见很多人,到底是谁最后走进了你的内心,是由你的人生剧本决定的。

张爱玲的人生剧本是不被爱的,因为"生命是一场荒芜,我的一生都在流浪,我是不配得到幸福的"。杨绛的人生剧本是被爱的,因为"生命从容我心优雅"。

2. 人生剧本的产生

人生剧本的产生与很多因素有关,但主要跟我们童年的经历和早期的亲子关系有关系。

美国心理学家艾瑞克·伯恩认为:"我们的人生早就在我们6岁之前被父母编写好了。而我们其实没有多少选择,大部分人只能按照父母编写好的脚本去过完一生。"

童年时代,我们愿意做任何事情去博得父母的关注;愿意无条件地听从父母的指令，以获得父母的认可。

我的同学D是一个非常优秀的人，而他却总是觉得自己不优秀，跟同事的关系也一般，但是他在强势的女领导面前会表现得非常优异。

在一次聊天中我了解到，在他10岁的时候，他的父亲就去世了，兄弟三人跟母亲一起艰难度日。母亲没有再嫁，非常辛苦地把他们三兄弟抚养长大。母亲的脾气非常暴躁且有很强的控制欲，无论他做什么，母亲从来不会夸奖他。而他的弟弟虽然从小体弱多病，但是很会说一些好听的话，经常逗得母亲哈哈大笑。他觉得母亲非常爱弟弟。所以，他努力学习，为了得到母亲的认可。他的童年生活是在对母爱的争夺中度过的。

参加工作以后，他无法跟同事很好地相处。在他看来，这些同事都是在跟他争夺领导的爱和关注。他天生对女性领导非常服从，就像是服从自己的母亲一样。他非常努力地工作，就是希望获得领导的更多关注和认可。对于他来说，他的人生剧本就是努力获取"权威的"认可，一刻也不能松懈。

从出生开始，我们每个人就一直活在别人的期待中。小时候，父母希望你是听话懂事的孩子；上学后，老师希望你是学习优异的学生；工作后，老板希望你是绩效好又热爱工作的员工。

我们就像演员一样，根据自己的内心剧本和别人的期待，形成自己的人生剧场。情绪的产生和发展的土壤也是基于人生的剧本。

人生的轨迹像一条抛物线，跟随着人生剧场的惯性在自动滑行。过去的人生剧场把我们带到了现在，未来如何，取决于你对过往的认知和觉察。

尼采曾说："你要搞清楚自己人生的剧本，不是你父母的续集，不是你子女的前传，更不是你朋友的外篇。对待生命你不妨大胆冒险一点，因为你好歹要失去它。如果这世界真有奇迹，那只是努力的另外一个名字。生命中最难的阶段不是没有人懂你，而是你不懂你自己。"

我们情绪的产生，都是以人生剧本为基础的，无法偏离。你拥有怎样的人生，就拥有怎样的情绪主旋律；你如何看待自己的人生，就会如何看待情绪。只有发现人生剧本，找到情绪的场域，才有机会去调整并改变它的走向，进而去追求想要的快乐和幸福。

重新认识情绪，
揭开情绪的面纱

第 2 章

情绪的本质是什么？本质是人对外界的反馈，情绪的表现不仅是我们的主观感受，还有生理表达与外部表达之说。情绪是否分为好坏，取决于我们对情绪的态度。情绪是一种能量，需要让它流动起来。我们需要像重视自己的生命一样，重视自己内心真实的感受。

第 1 节

明白情绪的本质,把控情绪的表现

提到情绪,你会联想到什么?你的反应也许是一些词或者短语,如喜悦、痛苦、悲伤,等等。也许你认为情绪只是一种感觉,"我感到快乐"或者"我感到悲伤"。实际上情绪除了心理感觉以外,还包括生理表达和外部表达,是一系列复杂反应的综合体。

什么是情绪?情绪的本质是什么?关于"情绪"的确切含义,心理学家和哲学家已经辩论了100多年。情绪有30多种定义,尽管大家的定义各不相同,但都认同情绪是人对外界的反馈。情绪是一系列主观体验的统称,它是由多种复杂的感觉、思维和行为表现综合产生的生理与心理的外在状态。

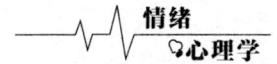

情绪的表现主要有三个方面：一是生理表达，比如血压升高，生理激素的分泌；二是心理表达，对于一件事情、一个特定的人，你真实的心理感受是什么；三是外部表达，比如我们的面部表情、姿态表情、语调表情。这三种表现有时会在同一个时间出现，有时会先后出现，但这三种表现都会不同程度地受到人为的压抑。

1. 情绪的生理表达

随着科学的发展，很多实验已经表明，我们体内的激素对人的情绪有非常重要的调节作用。比如，体内分泌的多巴胺会让人感觉到快乐；当人在遇到高兴的事情而心情愉悦时，大脑内神经调节物质乙酰胆碱分泌增多，血液通畅，皮下血管扩张，血流通向皮肤，使人容光焕发，给人一种精神抖擞、神采奕奕、充满自信的感觉；相反，当人过度紧张、情绪低落时，体内茶酚胺类物质释放过多，肾上腺素分泌增加，使动脉小血管收缩，供应皮肤的血液骤减，则会使人面色苍白或蜡黄。如果一个人长期郁郁寡欢、焦虑烦闷，就会影响正常激素的新陈代谢，在某种程度上，会让黑色素在身体内聚集，从而导致脸色发黄，没有气色。忧愁苦闷让我们思虑过多，不仅有可能失眠多梦，身体细胞不能得到有效的修复，而且会影响皮肤血液的供应，使面容憔悴、眼圈发黑。人们经常说"相由心生"，有一部分也是基于这个道理。

人们还经常说婚姻是否幸福，看一下双方的状态就可以感觉出来。好的婚姻意味着更好的亲密关系，更多的安全感；好的婚姻会让女人越来越美丽，糟糕的婚姻会让女人像花儿一样凋谢。身体内的不同激素会让我们有不同的情绪，而不同的情绪又会刺激我们的身体产生更多的激素。因此，激素和情绪相互影响。

情绪的生理表达除了体内激素的分泌以外，还包括我们的身体反应，比如，紧张的时候会心跳加速，生气的时候会觉得自己呼吸困难，等等。

2. 情绪的心理表达

情绪的心理表达是情绪发生时，我们内心真实的感受。每个人的内心都是一个宇宙，有刮风下雨，有电闪雷鸣，也有晴空万里，春风和煦。情绪的心理表达是情绪的主观体验，是情绪表达非常重要的一部分。比如，你此刻的感受是什么？或开心喜悦，或烦燥不安……

在《红楼梦》中，我们发现林黛玉和贾宝玉之间经常会有各种误会和矛盾。宝玉总是试着去理解黛玉，但是黛玉总是觉得宝玉不理解她的心情。在文学理论研究中，我们把这种现象叫作心口误差。对心口误差比较悲观的解释是：无论如何努力，如何在乎对方，一个人的想法和情绪都不可能被另外一个人真正理解，人和人之间永远存在心口误差。

比如，你对未婚夫说："我今天非常开心！"他并不能感同身受，除非让你开心的事情，对你未婚夫而言也有同样的意义。

通常，被误解是表达者的宿命，对于情绪的主观体验尤其如此，在这个世界上，没有人可以真正体验到你的全部主观情绪。一般而言，具有相似人生经历和成长背景的人，更能够很好地理解对方。举一个比较极端的例子，比如，面对一锅热腾腾的牛肉汤，两个饥寒交迫的乞丐，往往都非常欣喜，迫不及待地想要品尝；但假如是一个像贾宝玉这样的世家公子和一个乞丐，他们面对牛肉汤的心情则是完全不一样的。

情绪的心理表达是一种非常主观的体验，只有情绪的当事人最清楚。在文学作品中，对这一部分的展示主要通过细节描写和心理描写来呈现。20世纪20年代兴起的意识流小说中，经常有大篇幅对于人心理意识的描写，由此细腻地展示了人的主观情绪变化。

《人到中年》是国内有名的意识流代表作品,是作者谌容发表于《收获》1980年第1期的中篇小说。作者通过中年眼科大夫陆文婷因工作、家庭负担过重,病累交加,濒临死亡的故事,客观而真实地展现了一代知识分子的艰难人生和生存困境。如下是她在昏迷时刻的内心状态和情绪描写,内容节选自这部中篇小说:

蒙眬之中,陆文婷大夫觉得自己走在一条漫长的路上,没有边际,没有尽头。这不是崎岖的山路。山路尽管险峻难攀,却是千回百折,令人意气风发。这也不是田间的小道。小道尽管狭窄难行,却有稻花飘香,令人心旷神怡。这是一步一坑的沙滩,这是举步难行的泥潭,这是无边无沿的荒原。极目远眺,渺无人迹,只有死一般的沉寂。啊!多么难走的路,多么累人的路!歇下来吧,躺下来吧!沙滩是和暖的,泥潭是柔软的。让大地温暖你冰冷的身躯,让春光抚摸你劳累的筋骨。她好像听见死神在冥冥之中低声轻轻呼唤着她的名字:"安歇吧,陆大夫!"啊!这么歇下来多么好,永远歇下来。什么也不想,什么也不知道。没有烦恼,没有悲伤,没有劳累。

可是，不行啊!在那漫长道路的尽头，病人在等着她。她好像看见了，那病人正因双目刺痛辗转不安。她好像看见了，那病人在面临失明的威胁而暗自饮泣。她看见了，看见了一双双望穿秋水的焦急的眼睛，在等着她，等着她的来临。她耳边只听见病人在绝望中的呼喊，"陆大夫！陆大夫！"

这是神圣的召唤，这是不可抗拒的命令。她抬起麻木的双腿，继续在长长的路上艰难地行走。从家门到医院，从门诊到病房，从这个医疗点到那个巡回的地方，每天，每月，每年，走啊，走啊……

作品成功的内心情绪渲染使我深受触动。

情绪的心理表达只有情绪的当事人感受最深。很多亲密关系之所以会产生矛盾，大多时候是对方不能理解自己的情绪，不能体察自己的情绪，"我都这么不开心了，你还不主动哄哄我……""我都这么伤心了，你还不来安慰我……"渴望被人理解，渴望有情绪的共鸣，渴望被关注，是我们一生都在追求的东西。在刘珂矣的《半壶纱》中有两句正是表达了这种渴望，希望被理解被看到的渴望，"倘若我心中的山水，你眼中都看到，我便一步一莲花祈祷"。

你情绪的心理表达，无论喜怒哀乐，如果有亲密的人可以看到和感知，那么恭喜你，你是一个幸运的人；如果没人可以真正看到，你也不要太过伤心、绝望，毕竟你是如此特别，你的感受是上天独一无二的赐予，是你触碰这个世界的回答。如果你希望被人看到，则可以多用情绪的外部表达来合理展示。

3. 情绪的外部表达

情绪的外部表达主要包括面部表情、姿态表情、语调表情，等等。科学实验表明，在我们和别人的交谈中，语言本身传达的信息只占30%左右，而更多的信息是通过说话者的面部表情和语调表情展示出来的。

比如，有两个小学生，期末考试成绩出来以后，两个人分别拿着各自的试卷回到家里。一个孩子考试成绩是20分，没及格；另外一个孩子考试成绩是100分，满分。回到家中，他们的母亲都对他们说："你真厉害呀！"同样的语言，表达意思可能完全不一样。对于考了100分的孩子而言，这是一句肯定和夸奖的话；对考了20分的孩子来说，大部分情况下，这句话是一种嘲讽和批评。

行为学专家Paul Ekman博士写了一本畅销书《识破谎言》

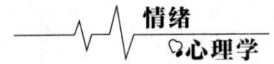

（TELLING LIES）。这本书的主要内容是讲述如何通过一个人的面部表情和身体动作来观察一个人是否在撒谎。后来这本书被改编为侦探嫌疑美剧，每集剧情为一个简短的故事。男主角是一个刑事警察，他通过对人的面部表情和身体动作的观察来探测犯罪嫌疑人是否在撒谎。他的依据是当人撒谎的时候，会产生紧张不安的情绪，而这些情绪会通过人的面部微表情表现出来。

在生活中，我们也在无意识地运用这方面的经验来判断一个人的情绪状态，比如，当领导讲话大声急促且声调上扬时，我们会判断领导可能生气了；如果孩子说话的时候断断续续，声音很小，我们就会猜测孩子可能是有事情隐瞒。

与情绪的生理表达和心理表达不同，情绪的外在表达很容易被隐藏。现代社会对人的社会性和职业性有了更高的要求，为了塑造一种情绪正面积极的成功人士状态，我们往往会通过自己的行为、表情、肢体动作等来隐藏真实的情绪。在商务谈判中，如果我们觉得紧张和局促不安，可能说话声音会变小或者底气变弱；为了防止谈判对手看到我们的真实想法，我们往往会做出相反的动作来迷惑对方，比如，故意大声地发表自己的看法。

通过情绪的不同表现，我们会发现情绪的生理表达和心理表达很难改变，但是其具备很强的调整空间。而情绪的外在表现比较容易改变，但也最容易被压抑。

随着人工智能的普遍应用，人们担心自己被机器人取代，危机感越来越强。2017年，围棋人工智能程序AlphaGo（阿尔法狗）在比赛中胜利，打败了目前世界排名第一的中国职业九段柯洁。阿尔法狗没有情绪，一天的比赛结束之后会迅速复盘，不用休息。但人有情绪，需要休息和处理情绪。不知道从什么时候开始，情绪变成了成年人都嫌弃的东西，有情绪的人也被看成一种不成熟的表现。

对于面部表情和肢体语言，可以通过改变来掩饰情绪。通常情况下，我们往往会通过压抑自己外在的表现来调节自己的内心。如果你不开心，你很想哭，但是你努力笑，笑着笑着，就好像真正高兴起来了。这样做有一个坏处，即一个人由于长期使用假性情绪，人的大脑会产生紊乱。当你想哭的时候，你也努力笑，那么当你真正笑的时候，就没有之前那样开心了。因为大脑已经不能确定此刻你是否是真的高兴。久而久之，你会变得越来越麻木，会形成情绪的虚假自我。

情绪的本质是我们与外界互动的反馈，情绪会通过三种表达方式来表达，我们不能因为害怕而否定它的存在。一个虚假自我太过强大的人，看起来是一个情绪稳定的成年人，但其实是一个

情绪被压抑的成年人。希望你可以明白情绪的本质,把控情绪的表现,有哭有笑,做一个真正幸福的人,而不是做一个所谓的情绪稳定的成年人。

第 2 节

情绪不分好坏，你的反应决定了情绪的价值

设想一下，如果你可以思考和活动，却没有感觉，你的生活将会怎么样？如果有一种方法可以让你不再体验到逝去的悲伤、生活的烦恼，同时也让你体验不到跟亲人相逢的喜悦和跟恋人拥吻的快乐，你愿意使用这种方法吗？显然这并不是一个好的方法，如果你愿意使用这个方法，那么你可能最终会后悔。

从古至今，如何管理情绪一直是人们关注的话题。大家所谓的管理更多的是想控制自己所谓的"坏情绪"，管理自己的悲伤、沮丧、愤怒、烦躁……甚至希望去消灭它。很少有人说："我要管理我的'好情绪'，要管理自己的开心、愉悦、平和……"那么情绪是否分为好情绪和坏情绪呢？

1. 情绪是一种信号，不分好坏

情绪是人对客观世界的反馈，是一种信号，是人与外界交流的一种方式，是客观存在的一种反应机制。我们不能武断地说刮风是好的，下雨是不好的，对于情绪来说也是如此。

情绪最本真的流露，在婴儿时代最为直观。当我们呱呱坠地之时，即是离开了温暖潮湿的子宫之时，此时外界的干燥会让我们很不习惯，面对这种陌生感，我们开始用啼哭来表达自己的害怕和担心，啼哭几声之后便开始了用肺呼吸，即开启了我们的一生。接下来，我们就变成了一个不定时的闹钟，饿了会号啕大哭，困了就会昏昏睡去，如果冷了热了也会哭，而高兴时就会笑。

随着我们慢慢长大懂事，父母开始告诉我们"害怕是不好的，要勇敢""已经上三年级了，不要哭""你有妹妹了，要照顾妹妹，不要每天垂头丧气"，等等。我们对消极情绪的抵触非常严重，仿佛拥有消极情绪的人是可耻的，是不被允许的，是不受欢迎的。

其实，消极情绪在人类的发展历史上起着非常重要的作用。在刀耕火种的荒蛮时代，消极情绪让人类得以战胜严酷的大自然，打败户外凶猛的野兽，获得生存的希望。在朝代的更替和生产力的发展中,消极情绪推动了文明的发展。

一次,我到北京山顶洞人的遗址参观,遗址用最新的投影科技再现了山顶洞人的生活场景,让我印象最深的是打猎的场景。几个山顶洞人埋伏在河边的草丛中,等待前来喝水的野兽。看到野牛在低头喝水,几个山顶洞人一拥而上,用自己手中的利器袭击野牛。在生死关头,野牛疯狂地反击,山顶洞人的眼神中流露出惊恐的神情,而正是这种惊恐激发了他们全部的力气,稍后,野牛的反击渐渐微弱了,终于倒了下去。由于野牛的体形太大无法整体运输,山顶洞人只好拿出石片来切割野牛的肉。几个人俯下身子专注地切割,一名山顶洞人负责放哨,警惕地看着周围的环境,以防止其他野兽的袭击。正是这种消极情绪中的恐惧,促使了人类的合作与分工,为后世的社会发展和文明发展打下了基础。

2. 情绪是一种能量,它区分好坏

任何事情,如果要区分好坏,都必须有一个作用对象。如果把情绪看作一种能量,对人的身体健康而言,有的情绪对人有好处,有的情绪对人有害处。如果长期被消极情绪困扰则会严重损害人们的健康。

情绪是一种流动的能量,最新的情绪能量学认为情绪是一股能量波动。积极情绪是红色能量,消极情绪是黑色能量。红色能量对人的身心健康有利,而黑色能量则会损害人类的健康。

用科学术语来描述,情绪是频率和波长不同的振动,有的快,有的慢,有的强,有的弱;有的完全不规则,有的在两个极端波动,每个人可能有上百种甚至更多种的能量波动。比如,当你生气时,血液流动就会加快,你的体内就有一种快速而强烈的能量使身体各个循环系统的速度加快;当你悲观失望时,你会感到全身无力,身体各个循环系统的速度就会变慢;当你快乐时,你会感到全身轻松且自在,身体各个循环系统因此得到了恰当的疏通和推动。

中医经典《素问》中曾说:"人有五脏化五气,以生喜怒哀忧恐。"中医中的针灸和穴位就是通过疏通经络、气脉来达到治疗疾病的效果。从中医的角度来讲,人之所以患恶性肿瘤,消极情绪是其中一个很重要的因素。人的身体长期被消极情绪占据,血脉流通、新陈代谢等各种身体机能都会受到影响,久而久之,就会给身体带来异化。

在西方,通过科学实验也证明了短暂的消极情绪对人类的发展有重要的作用,但长期的消极情绪则不利于人的身体健康。

古代阿拉伯学者阿维森纳,曾把一胎生的两只羊羔置于不同的外界环境中生活:一只小羊羔随羊群在草地上快乐地生活;而在另一只羊羔旁拴了一只狼,这只羊羔总是能感受到来自旁边那只野兽的威胁,在这种极度惊恐的状态下,它根本吃不下东西,不久就因恐慌而死去。

医学心理学家还用狗来做过嫉妒情绪的实验:把一只饥饿的狗关在一个铁笼子里,而让笼子外面的另一只狗当着它的面吃肉骨头,笼内的狗在急躁、气愤和嫉妒的负面情绪状态下产生了神经症性的病态反应。

这些医学科学都告诉我们,恐惧、焦虑、抑郁、嫉妒、敌意、冲动等负面情绪是一种破坏性的情绪,长期被这些情绪困扰就会导致身心疾病的发生。但是,这些情绪的出现又非常有必要,且不可避免。

3. 客观看待,与情绪和平相处

情绪是一种客观存在的现实,我们首先应该承认它真实的存在,它有可能让我们感觉很好,也有可能让我们感觉很糟糕,我们不能否认一个硬币的两面。

情绪之间的转化也非常快。比如,公司给你发了5万元的年终奖，你非常开心，一下班就飞奔回家，想要把这个好消息当面告诉你的爱人，并带其去吃法式大餐。但在下班回家的路上，你看到大学同学群的聊天内容：同宿舍的小李拿到了15万元的年终奖。这个时候，你忍不住会想："同样是毕业工作五年，为什么自己的年终奖这么少呢？上大学时，自己比小李优秀多了，小李每天只知道玩游戏，从来不学习。"想到此，你原来的喜悦可能瞬间就减半了，继而可能是气愤、不甘心和抱怨。

情绪和呼吸、心跳一样伴随我们一生。有时候你也不清楚自己为什么突然就怒不可遏，仿佛被恶魔附体一样，暴跳如雷地对孩子发脾气；有时候你也不清楚自己为什么突然就黯然伤神，明明一切都好，却还是情绪低落，无论做什么都提不起兴趣。

当情绪跟我们的身体生活联系在一起时，它就会对我们的生活产生消极或者积极的影响。喜欢积极情绪，规避消极情绪是我们的自然反应，但贬低消极情绪则是一种幸存者的谬误。

情绪本身不分好坏，你的反应决定了情绪的价值。我们应该客观看待，用心感受，带着积极的心态与它友好相处。

第 3 节

打开情绪的枷锁,让情绪流动起来

在现代快节奏的生活下,我们常常隐瞒自己真实的情绪,俨然一个成熟人士。有时候,过度地压抑自己的情绪,会让你失去对情绪的感知力,从而变成虚假的自我。

情绪是需要流动的,只有让情绪流淌起来,才能赋予我们更多的生命力。情绪的正常流动,有助于我们与外界建立良好的关系,进行良好的沟通,进而产生更多的连接,收获属于自己的亲情、爱情和友情。但实际的情况却是,我们不敢恰当地表达自己的情绪,长此以往,情绪的正常流动将会成为一件十分困难的事情。

1. 什么是情绪的流动性

情绪的流动性是我们能够准确地表达自己的感受和内心的状态。拥有较好的情绪流动性的人，能够不带评判性、不含附加条件地体会和表达真实的情绪，也能够有意识地、创造性地运用情绪。让情绪流动起来的能力，是我们追求幸福的必经之路。在童年和青春期，我们需要学习的一项重要内容就是情绪的表达。在我们与社会的碰触中，学着对情绪命名，学着辨别自己内在复杂而瞬息万变的感受，学着把感受变为语言。

在2018年热播的电视剧《我的前半生》中，陈俊生和罗子君离婚后，罗子君带着孩子从原来的家里搬到了新房子里，新房子比原来的要小一些，综合条件也没有原来的好。在搬到新家的第一天，儿子就大吵大闹，他哭着跟罗子君说："我不要住这个房子，我要回原来的那个家去住。"听到这些话，罗子君潸然泪下。

与之相反，陈俊生和婚内的出轨对象凌玲一起吃饭，饭后陈俊生去凌玲家里，凌玲的儿子看见陈俊生时是满脸的抗拒和恐慌，但是他不敢说话，只是低着头，表现出逃避的样子。这时候，善于察言观色的凌玲说："你不喜欢叔叔吗？叔叔一会儿就走，可以吗？"小孩子点点头，然后默默地转身回到了自己的房间。

两个孩子在后面剧集中的表现，更善于表达自己情绪的孩子更乐观、更积极向上，敢于表明自己的观点；而另外一个孩子则始终是唯唯诺诺的样子，看着让人心疼。

两个小孩子，对情绪有着不同的表达方式，一个是表达了自己的情绪，另一个是压抑了自己的情绪。我想这两个孩子的未来肯定也是不同的。

2. 是什么阻碍了情绪的流动

在阻碍情绪流动的原因中，社会原因占据了很大的因素。对于有些人来说，一个人的成长史，就是其学会压抑情绪的历史。

从"男儿有泪不轻弹""喜怒不行于色"中我们可以看出，社会对男人的期待，是希望男人更乐观、更坚强。如果一个男人经常表达自己的情绪，可能会被视为不成熟，会被嘲笑和低估，会被认为是软弱和没有男子气概。有一段时间，我对"男人哭的频率是多久一次"这个话题很感兴趣。我问了几个要好的男性朋友："你们上一次哭是什么时候？三四十年以来，大概哭过多少次？"其中多数男性朋友给我的回复是：自从记事开始，就从来

没哭过了。只有一个男性朋友承认说，在他爷爷去世的时候，自己哭了一次，后来就再也没有哭过。他们的回复可能有隐瞒的成分，不过这也正好说明了男性对于负面情绪的掩饰。他们希望给人的印象是果敢的、坚强的。

除了社会影响之外，我们自己也会回避情绪的流动。我们否认负面情绪的存在，我们认为自己应该是幸福的，应该是阳光的，而负面情绪是可耻的，也是黑暗的。在一线城市中，很多职业女性对自己的要求很严格，在职场上跟男性一样杀伐决断，跟男性一样思考和解决问题；在情绪表达上也跟男性一样严格要求自己，这些职业女性否认负面情绪的存在，认为负面情绪会让自己显得脆弱，从而失去与男人竞争的资本，认为允许表达情绪会让我们显得懦弱。

人们认为自己与外界的关系是竞争大于合作。所以我们从小便有了竞争思维，小时候努力学习争取早日加入少先队，到后来参加奥数、书法等各种比赛，高考更是千军万马过独木桥。对于大部分人来说，在上大学之前，只要自己努力迎合父母和老师，取得好成绩，就可以赢得关注和爱，而那时的学习和生活都是竞争大于合作的。上大学之后参加实习项目，合作做课题研究，乃至工作之后的合作，才让我们的合作意识树立起来。而情绪的流动，会让我们提早暴露自己的真实状态，让我们有深深的不安全感。比如，季度末的优秀员工表彰，优秀员工上台发言，发言人一般会首先感谢公司、感谢领导、感谢同事……谦虚地让别人觉得自己能够获奖是多么幸运。

社会的影响和自我的回避，阻碍了情绪的流动，我们不能把每天都当作竞争，不能每天都谨小慎微地戴着面具生活，我们应该尝试着让情绪流动起来。

3. 情绪不流动会带来非常严重的后果

从情绪能量学的角度来说，如果情绪不流动就会淤积在心中，伤害我们的身体。如果负面情绪错误地流动，还会伤害到我们身边的人。

我有一个心思细腻的朋友，她有着超越同龄人的敏感和沧桑，这让她的恋爱一直不顺利，直至她和我分享了她的经历，我才理解她之所以如此的原因。

她的母亲是一个很暴躁的人，经常发脾气。小时候，每天放学回到家她都不敢说话，而是要先观察一下家里的氛围和母亲的表情，如果家里的氛围是好的，母亲的表情也是积极的，她才敢说话，呼吸也变得顺畅。如果她回到家里发现氛围是凝重的，母亲也不太开心,那么她则不敢随便说话,做任何事情也都是小心翼翼的。母亲虽然脾气暴躁,但是却十分善良,是一个勤劳朴实的农村妇女。只因生活的坎坷和物质的贫乏带来的不如意,才让母亲经常发脾气。她无法责怪母亲,因为母亲并没有什么错,而且生活的确很艰辛。她只能压抑自己,用她的话说:"如果母亲心情不好,那么自己做什么都是错的,连呼吸都是错的。"她记得有一次放学回家,肚子饿了,就进入厨房在厨柜里面找到一个馒头,她拿起馒头咬了一口,刚好被此时进入厨房的母亲看到了,母亲就生气地抱怨道:"吃吃吃,就知道吃,真是养了你们一帮饭桶,一群白眼狼。"

她那时候拿着馒头默默地走出了厨房,回到自己的房间一边啃馒头,一边写作业。她说那一刻,她没有悲伤,也没有生气,她只想赶紧逃离这个家。因为母亲不容易,她不应该恨母亲,可是她又能怎么办呢?这些小小的情绪在她心中慢慢累积,看似已经时过境迁,但是依然对她产生了很大的影响。现在的她外表看起来有超越同龄人的沧桑和稳重,却没有她这个年纪该有的活力和朝气。

这个朋友的母亲表达了自己的情绪,让自己的情绪得到了很好的流动和释放,但是她释放的方式不对,所以深深地伤害了自己的家人。而朋友却不敢释放她的情绪，因为她从小的耳濡目染，导致她认为释放情绪是不好的，释放情绪就会伤害别人，于是她小心翼翼地收起了自己的情绪，不断积压在心底，也不知道该如何处理这些情绪。所以，上学时她努力在书中和学习中寻找自己的存在感；工作以后，她则通过疯狂地加班来寻找自己的存在感。

情绪不能压抑，也不能错误地流动，学会让消极情绪合理地流动是我们每个人都要面临的课题。

4. 如何更好地让情绪流动

"存在即合理"，我们不应该急于否定自己，明白情绪是客观存在的，无论是积极情绪还是消极情绪，对我们而言都非常重要。有消极情绪并不可耻，也无须避之唯恐不及，更无须把它压抑在心底。我们需要做的是接纳自己的情绪。

情绪的流动，并不是意味着要在公共场合情绪失控，不是要通过夸张和损害别人的方式来表达自己的情绪，而是要找到安全的"树洞"。如果你拥有良好的原生家庭，父母是你坚强的后盾，如果他们可以做到和你同频，这是非常好的一个渠道。我大学时期同宿舍的一个同学，每当失恋心情不好时，都会给自己的

爸妈打电话,然后她的爸爸妈妈就安慰她,她觉得很幸福,觉得自己即使没有了男朋友,依然有爸妈的疼爱。

但不是所有人都像她这么幸运。现在很多在外打拼的人,与父母没有良好的沟通,并且有些事情不希望让父母知道,不想让父母担心。这个时候,有几个值得信任的朋友就变得非常重要了。良好的友谊可以让你们互相流露自己的情绪,成为彼此的容器。如果有良好的异性伴侣,有良好的亲密关系也是非常好的,希望你们可以成为灵魂伴侣,可以成为彼此的"树洞"。

在生活中很多人因为没有找到自己的"树洞",他们就通过写作的方式来表达自己的情绪。历史上成功的文学作品,其内容或多或少都有作者的影子,或者是很多个影子的融合,作品中的故事情节是虚构的,但是其中传达的感情却是细腻真实的。

没有人是一座孤岛,你可以找到你自己的"树洞",无论是通过什么方式,相信在世界的一角,有一个人和你一样在等待被聆听和表达,或许那个人就在你身边,是你的父母,是你的朋友,是你同学或者同事,我们要敢于表达自己的情绪,并且善于表达自己的情绪。

5. 重视自己内心的感受

在科学技术迅速发展的时代背景下,各种理性思维和理性决策的方法模型非常受欢迎,但是,我们一定要重视自己内心的感受,这是我们和内心沟通的方式。我们的基因经过了几亿年的进化,形成了自己的保护机制,情绪就是其中非常重要的一种。现在科学一直想致力于测量所有东西,包括情绪的维度,比如喜悦、愤怒、抑郁……各种量表虽然已经越来越完美,越来越科学,但是依然不能涵盖一个人的内心。即使是一份制作精美的个人简历,也不能表现一个人的全部。

商业社会由于快速运转的需求,我们会被很多指标来衡量、比较。但是各种指标仅仅是参考,我们必须要重视自己内心的感受和情绪。当我们做一个决定,无论身边的朋友给了我们多少理性的分析,我们依然还是要听一下自己内心的声音。

世间万事万物都是互相联系、互相影响的,一个人如果不重视自己内心的感受,也就无法感知世界。一个人的成功是需要社会协作的,失去了对世界的感受,就无法和这个世界协作,也就无法获得真正意义上的成功。哲学家认为人生最高的成就就是达到内心的平和与温暖,这是人类最终的归宿。只是很多人还没有走到最后就在中途迷失了,甚至夭折了。

我们要学会让自己的情绪流动起来,相信你可以做到。不仅是为了世俗意义上的成功,为了升职加薪,为了赢得别人的喜爱,更是为了不错过自己的人生。

学会哲学思辨，
拥有情绪觉察能力

第 3 章

情绪的产生是建立在现实基础之上的，无论这是真实的现实还是我们想象的现实。我们需要用哲学思辨的方法对现实进行分类，进而决定我们的情绪反应。在现实分类的基础上，我们需要学会对情绪的觉察，需要带着对世界的善意来看待这个世界。

第 1 节

学会哲学思辨,巧妙区分掌控感

人生是无法100%被掌控的,大部分客观现实的发展不以我们的意志为转移。早在几百年之前,希腊哲学中的斯多葛主义就说明了这一点。斯多葛主义最初是作为一种哲学以及一种生活之道,在公元50~100年前后的古罗马时期最为出名。两千年后,这种哲学经历了各式各样的复兴,在某些时代跟当时的政治结合或者被统治阶级利用,外延和内涵不断延伸。在这里,我们主要说的是斯多葛对现实理性判断的观点。

"斯多葛控制二分法"意思是,在生活中,有些事情是你能够控制的,有些事情是你控制不了的;你应该只关注你能控制的东西,而不应该关注你无法掌控的东西。在具体的事情上,我们可以分为三类：第一类是你完全可以控制的；第二类是你完全不可以控制的；第三类是处于中间地带，通过努力有可能控制的。

很多情绪的产生，首先取决于我们对待事情的态度。

比如，你的男朋友非常喜欢玩游戏，你会怎么办呢？如果你觉得这是完全可以掌控的，就会横加干预，强势地跟他沟通，并且带着非常主观的情绪告诉他不要玩游戏；如果你觉得这是完全不可以控制的，就会置之不理，不愿意跟他沟通，并且带着消极的情绪排斥他；如果你觉得这是处于中间地带的，是经过努力可以影响和控制的，你就会想办法并带着平和包容的情绪去跟他沟通。

很多妈妈自认为可以完全掌控孩子。其实不然，孩子虽然生活能力差，且三岁以下孩子的语言能力也不丰富，但是孩子已经具备丰沛的感情，有了自己的意识。

有一次，我看到一个三岁左右的小男孩，在商场的楼道里哇哇大哭，哭得撕心裂肺，小脸通红。而他的妈妈恶狠狠地瞪了他一眼，说："再哭的话，妈妈就不要你了。"这个年轻的妈妈说完转身假装往前走，小男孩在后面一边跑，一边哭着喊："妈妈抱，妈妈抱……"妈妈停下来转过身对小男孩说："你再哭，妈妈就永远不抱。"小男孩努力忍住哭声，但身体还在不断地抽泣。

小男孩的妈妈以自己对孩子的爱为要挟，逼迫孩子不要哭试图掌控孩子的情绪。而小男孩在被抛弃的恐惧下，压抑住了自己的悲伤。

小孩子对父母无条件的信任，使孩子对父母的话信以为真，许多试图掌控孩子一切的父母，却失去了孩子的信任和爱，使我们不得不引以为诫。

1. 放弃对现实 100% 的掌控欲，是与情绪和平相处的前提

在这个焦虑感泛滥的时代，关于掌控感的鼓吹大行其道。人生是不能完全被掌控的，过于追求掌控感，往往是我们情绪失控的主要原因。

我的闺蜜，成绩一直是班级第一名，奖状拿到手软，而且颜值还很高。高三那年，在一次普通的月考中，闺蜜发挥失常了，数学只考了60多分，在班里排名靠后。她对自己这次的表现非常不满意，觉得自己不够完美。那天放学回家的路上，她一直闷闷不乐也不说话，气氛很压抑。

快到她家门口的时候，闺蜜淡淡地跟我说："我对自己太不

满意了。"然后,我看到闺蜜抡起巴掌狠狠地打在自己的脸上,一连打了好几下才停住。

我当时简直吓傻了,呆在那里。闺蜜打完自己后,面无表情地冲我笑了笑,挥手再见。后来闺蜜考上了好大学,进了大公司,再后来得了抑郁症,偷偷治疗了很久才痊愈。闺蜜的人生掌控感非常强,她不允许自己是不完美的。她的人生在外人看来是成功的,但是对她自己来说,是否幸福快乐却有待商榷。为了如期完成目标,她经常体罚自己;为了成为别人喜欢的人,她经常压抑自己的情绪……只为了成为更完美的自己,进而拥有人生掌控感。

掌控自己的情绪不等于完美主义,如果你利用高掌控感来压抑自己,处处去迎合外界的标准,去满足别人的期待,直到失去了自我,即便你成功了,那又有何意义呢?

我们总想掌控自己的人生,希望人生的一切都按照自己的规划进行,我们的父母也是如此。父母希望我们小时候是听话的好学生,长大后可以找一份稳定的工作,然后结婚生子……如果我们没有按照父母的规划进行,父母就会大发雷霆或者忧虑哀愁,但这些都会带给我们很大的压力。

2. 懂得失控感，才更懂掌控感

我的一位老师，现在是某知名企业的董事长。他小时候家境贫寒，家里砸锅卖铁供他上的大学，他是20世纪90年代全村唯一的大学生。幸运的是，大学毕业后他进入了一家国企做秘书，待遇很好。但是才工作了几个月，因为公司的一桩贪污受贿的案件，他被无辜牵连而失去了工作。之后，他很难再找到那么好的工作，于是，他申请出国去日本。在日本他一边读书，一边打工，日子过得很艰辛。

在日本工作十年后，他终于成为一家大型日本企业的高职员工。恰在这个时候，他的父亲得了病，病情时好时坏，需要长期照料。他只好放弃了在日本的一切，回到国内。在历经三次创业失败之后，他终于成功拥有一家自己的企业。

有一次聚餐，我问他："你是如何规划掌控自己的人生，一步一步走向成功的呢？"

他说："在我看来，有人生规划是必须的，但完全掌控基本是不存在的。人要做成一件事情需要社会大势、行业趋势、个人机会等各种因素综合在一起，不可能完全掌控，只能尽量扩大自己的影响力。"

当一个人不清楚个人定位，不知道自己在这个世界要扮演什

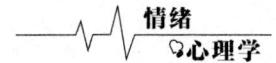

么角色,就很容易被外在的期待和内心的诉求撕扯,当处于焦虑状态的时候就会觉得人生失控,随之而来的是情绪的失控。我们本来就不可能完全掌控人生,所以在感觉焦虑的时候,应该认真反思自己的人生,而不是打压焦虑或者自责,只为获得掌控感。

要想获得幸福与自由,必须明白这样一个道理:有些事情我们能控制,但有些则不能。只有正视这个基本原则,并学会区分什么是你能控制的,什么是你不能控制的,如此才可能拥有内在的宁静与外在的效率。

国外有句名言:上帝,请赐予我宁静,好让我能接受我无法改变的事情;请赐予我勇气,好让我能改变我能去改变的事情;请赐予我睿智,好让我能区别以上这两者的不同。现实生活中,很多人从来没有"区分事情"这个意识,而总是希望把一切都掌控在手里。小时候我们被父母掌控;长大之后,我们开始去掌控别人。很多女人,企图用自己的付出来掌控先生,在发现掌控失败后,不能面对自己的焦虑感和失控感,就转而去掌控孩子,于是因果就此轮回。而大多数的男人则希望通过事业上的成功来掌控一切。

我认识一位民营企业的老板,简直就是暴怒的形象代言人。他非常享受生气发怒的过程,但是他对外的形象却又是一个很和善的人，天天吃斋行善。

公司开销售管理会议，因为业绩不好，所以气氛凝重。会议中有两个销售大区总监的电话忘记关机，前后几分钟之内，电话都响了起来。这位老板眼睛一瞪，拿起眼前的茶杯就摔在地上，然后愤怒地走过去，把两个销售总监的手机拿过来，也狠狠摔到地上。不仅如此，这位老板还在已经摔坏了的手机上重重地踩了几脚，然后他转身回到座位上，继续开会。两个销售总监面无表情，都不敢看一眼被摔在地上的手机。

还有一次公司举办市场活动，活动中间出了一点儿小的纰漏，活动效果并不太完美。回公司之后，老板就怒气冲冲地走进市场部办公室，想把市场总监骂一顿。因为市场总监不在办公室，悻悻而归的老板在楼道里碰到了迎面走来的行政总监。老板就开始朝着行政总监发火，斥责他们工作开展拖沓不给力，公司装修的报价一直没发过来。老板斥责到一半的时候，隐约想起来好像收到了报价，于是又开始找了另外一个理由，继续斥责行政总监。行政总监的情绪由开始的惊愕转变为委屈，接下来是愤怒，再到后来的伤心、失望，最后决定离职。

这位老板希望公司完全在他自己的掌控之下，一切都井然有序，如果一旦出现跟自己预期不符的事情，就忍不住暴怒，结果

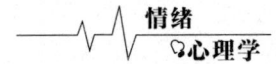

是人才流失严重,公司也面临经营方面的困难。

我们每个人都不可能去掌控一切。作为企业老板,可以掌握企业的战略发展规划,却不能掌控企业中每个人时时刻刻的状态。作为家长,我们也不可能让家庭成员时时刻刻按照我们的意愿来生活。作为社会人,就更不可能掌控所有的事情,人心往往变化莫测,事实也随之改变。即便如此,真正的斯多葛学派并不对生活悲观。斯多葛看破世界,但也爱世界。罗曼·罗兰也说:"世界上只有一种真正的英雄主义,就是认清了生活的真相后还依然热爱它。"这句话的确是对生活最好的诠释。

世间万物的生命都不能违背大自然的规律。正如寒来暑往,秋收冬藏;而人不但要掌握大自然的规律,还要洞察社会的规律和人性的规律。人类社会是人在改造大自然的过程中形成的虚假却又真实的世界,我们在这个人类社会的系统中,不能脱离它而独立存在。接受生命的限度与不可避免性,在可以改变的范围内做最好的自己。

当我们和自己的情绪友好相处后,无论外界环境如何,都不会从根本上影响你的情绪,从而躲避命运无常的伤害。《沉思录》中说:"他即使身在病中,身处险境,奄奄一息,流放异地,恶语缠身,却仍然感到幸福。他渴望与神同心,不会怨天尤人，从不会感到失望，从不会反对他的意愿，从不会感到愤怒和嫉妒。"我认为这句话中的"神"是指自然规律。

我们从出生那一刻起，就开始向这个世界获取资源，我们需要呼吸，需要食物；长大进入社会之后，我们需要收入，需要职位，需要得到社会的认可。在社会运转的过程中，每个人都带着自己的目的、自己的期盼。每个人的角度不一样，势必会有很多不能如愿的地方。即使是在封建王朝，权力至高的皇帝也无法万事如意。

当你不如意的时候怎么办呢？大发雷霆吗？郁结于心吗？古语有云："做尽人事，听天命。"意思是说，你会尽全力地去努力，只是结果如何，也要看天命。我认为天命不是命运，是一种客观规律，是外界各种综合因素作用下，你无法掌控的东西。

庄子的妻子死了，亲人都非常悲伤痛苦，庄子却高兴得鼓盆而歌。歌曰："生死本有命，气形变化中。天地如巨室，歌哭作大通。"众人不明白原因，问他为什么不悲伤。庄子说，人的生命的尽头是死亡，是每个人都不可以避免的。妻子先找到了人生的归宿，我有什么可伤心的。

庄子如果生在罗马，可能也会认同斯多葛学派，起码他"鼓盆而歌"的典故说明了他对待死亡的态度。但是我读庄子的作

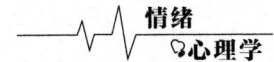

品，始终认为，他心里还是有深深的悲伤，只是他对悲伤看得更透彻，因此也更豁达。鼓盆而歌对他而言也是一种宣泄，宣泄对于亲人离世的无可奈何，表达对自然规律的敬畏。他分清楚了什么是自己可以掌控的，什么是不可以掌控的，什么是努力之后可以掌控的。只有具备这种哲学思辨的能力，我们才能很好地区分掌控感，从而更好地和自己的情绪相处。

第 2 节

觉察情绪，走向情绪平衡的必经之路

如果依据斯多葛学派的理论，对现实进行分类，那么我们对一些事情的看法就会发生改变，情绪反应也不会那么激烈。但是有时候，情绪的产生往往找不到确定的缘由，莫名其妙地就很想生气，或者因为一件很小的事情，就会突然发火。情绪是各种综合因素连锁反应的结果，我们要在基于事实判断的基础上，去觉察情绪。

我们的情绪和呼吸一样是一直存在的。正在看这本书的你，是什么情绪状态呢？你可能困了觉得有点无聊，也可能觉得很有意思，越看越有收获，所以内心有些小小的欢喜。当我们对现实有了觉察之后，也需要对情绪有觉察。如果不觉察情绪，就会被情绪牵着鼻子走。

自我觉察意味着一个人开始超越自己的认知,让觉察的自我从认知中分化出来,把自己的认知作为一个对象来加以认识。情绪的自我觉察就是把自己的情绪当作一个对象来加以认识。比如在上班的地铁上,有个人踩了你一脚,还瞪了你一眼,你很生气,情绪的觉察就是:你不要总是想着"自己很生气"这件事情,而是能够把"自己很生气"这个事情当作一个客观的事件来看待。

一般而言,我们认为觉察情绪有四个层次:

第一个层次是不知不觉:无意识、无能力,被情绪控制。网络上所谓的"垃圾人",一般都处于这个级别。"垃圾人"一般是暴力事件的制造者,因为无法控制自己的情绪而伤害他人,比如,一气之下故意踩死小猫。当他们暴怒的时候,会被情绪控制,失去一部分主观意识,做出伤害自己或者伤害家人的行为。被情绪控制而伤害自己的人,可能因为过于悲伤、委屈或者愤怒,会选择结束生命。被情绪控制伤害别人的人,可能会对身边的人诉诸暴力。

曾经有一则新闻,有一位妈妈,只是因为孩子弄丢了手机,盛怒之下把9岁的儿子活活打死了。当这个妈妈被愤怒支配的时候,她已经丧失了正常的判断力,等打孩子打累了,才发现孩子已经濒临生命的尽头。

对这些人来说,情绪是魔鬼,他们自身的行为和意识被情绪控制,伤人伤己。同时,当我们在跟这类人发生冲突的时候,如果没有力量保护自己,就要尽量逃离,避免产生不可挽回的后果。因为,我们不知道被情绪魔鬼控制下的他们会做出什么伤害人的举动。

第二个层次是后知后觉:有意识、无能力,知道自己的情绪来了,但还是无法控制。处于这个层次的人,已经对自己有了一定的觉察,但是还是无法控制。

很多女性会被自己的爱人家暴,但却仍然不肯离开这个家。这类家暴男一般属于这种类型的情绪层次。他们在情绪上来的时候,会忍不住痛打女方,打完之后,他们也会很后悔,也会道歉,甚至会做很多事情来弥补这段关系。女性接受道歉之后,也希望男方会因此而做出改变,但是事实有时候往往会不尽如人意。下一次男方情绪上来的时候,依然还是无法控制自己,忍不住家暴女性。

十年前,我有一个男上司就是这样,当他心情不好的时候,碰到谁都会发火,发完火后,他也会后悔,会在以后的工作中有意无意地跟你道歉。

记得我刚刚入职的时候,并不知道上司是这样的性格。有一次,他来到公司心情不佳,我还是按照约定的时间,把开会的材料送到他的办公室。他翻了一下材料,就开始对我严厉地指责,指责我工作不用心,材料做得这么糊弄,简直是个废物。好在当时我具备一定的心理学知识,他的指责并没有影响到我的心情。过了几周,我已经忘记了被他骂的事情,而他在一次布置工作的时候,看似无意地说:"你上次的会议材料做得很好,继续加油,我有时候对大家的要求比较严厉,你要理解一下。"

对于这种情绪总是后知后觉的人,如果你和他们做伴侣、做合作伙伴,你可能会很容易被他们的贬低和暴怒摧毁,时间久了,你还会怀疑自己,会习惯他这种定期的暴怒,甚至会适当地改变一下自己去配合他的暴怒,比如故意犯一些错误。如果你内心没有强大到可以保护自己不被伤害,那么还是建议你早一点离开。

第三个层次是当知当觉:有意识,有一定能力,当下可以觉察,可以选择如何去处理情绪。能够做到这个层次,已经非常难得。

关于这一点,我自己是有深刻体会的。几年前,我帮朋友A

组织一个心理学的沙龙，朋友A是主讲人。到了沙龙快要开始的时间，可还不见朋友A的踪影，我非常生气，打算打电话将他臭骂一顿。

在等待电话接通的时候，我觉察到我带着很强的愤怒和委屈的情绪。为了举办沙龙我和另外一个女孩，从找场地到宣传报名，再到现场布置，花费了我们很多心血。但是我突然意识到，我现在跟他宣泄这些情绪并没有什么用，反而会影响他稍后的发挥，会影响他开车的安全。

电话接通之后，我平静地问他："到哪里了？还有多久可以到？"得到他的回复之后，我赶紧想了应对的方法。沙龙准时开始，我先带领大家做了一个心理测试游戏，为迟到的朋友A争取时间。沙龙结束之后，我很郑重地对朋友A讲："你早上居然迟到，我很生气。如果你下次还出现这样的情况，我就再也不会帮你组织活动了。"朋友A也意识到了自己的错误，连连道歉。

当知当觉要求我们在情绪产生的时刻快速觉察，然后对情绪做相应的应对。

第四个层次是先知先觉：有意识、有能力，可以提前觉察自己的情绪要来，能做自己的主人。只有自我觉察能力非常强的人，才能达到这个层次，要做到有意识、有能力，首先需要对事

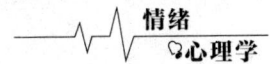

物未来的发现具备一定的预判能力,同时也要对自己的情绪具备预判能力,这就要求我们具备很强的认知能力、判断能力、觉察能力。

在《三国演义》中,料事如神的诸葛亮就做到了这一点,他不但可以觉察自己的情绪,还能够判断对方的情绪,并且可以利用对方的弱点去打败对方。诸葛亮知道周瑜是一个心胸狭窄,容易火气攻心的人,就故意设计,草船借箭一战之后,周瑜果真怒气攻心,吐血身亡。

在情绪的自我觉察上能够做到第四个层次的人,极其少见。我们可以对照一下自己,看自己现在处于情绪觉察的哪个层级,然后对照自己的层级,有意识地去练习提升自己的觉察能力。

一般而言,情绪觉察主要有以下三个步骤:

一是关注自己的情绪,努力体会它并能够准确地说出这是哪种情绪。比如,周末晚上,先生出去应酬一直都没回来。在等待先生的过程中,你的情绪是担心、是生气;等到先生进门的那一刻,你的情绪可能转化为指责和愤怒。通常我们的情绪是,你回来晚了,你错了,我还担心你。所以我要指责你,对你发脾气,希望你意识到自己的问题,并可以改正。直男型先生的感受是妻子脾气差,我为了工作去应酬,回来稍微晚一点儿,就这样暴怒,于是两个人的争吵就不可避免了。

二是感受当情绪来临时,身体部位的反应。小时候,我的姐姐常说"被我气得胃痛",我不以为然。长大之后,我发现"被气得胃痛"可能是真的,这并不夸张。当你生气的时候,气息在胃部聚集,会影响胃的正常蠕动,中医上认为,不通则痛,所以会气得胃痛。大部分人在经历一段时间的压力后,会发现自己的身体容易出现状况,类似于头晕、胸闷、容易疲乏,吃下的食物不容易消化,甚至还会出现胃胀、腹泻等症状。这是因为处于压力下的人,将全部的精力都放在对引发焦虑事情的关注上,其头脑中充满了各种各样的想法和念头,也会因为情绪紧张而导致身体紧绷,可是你却顾及不到这些身体的感受,继续专注在自己的事情上,久而久之,就会造成身体的问题。感受身体不舒服的部位,试着去缓解它。当我们觉察情绪之后,要试着去接纳它,这样才能够与它和平相处。

朋友去年要去主持一个活动,我到活动后台去看她准备的情况。临近上台前,朋友低声告诉我说她很紧张,以至于腹部胀气,感觉很难受,估计一会儿的表现是不会好了。我跟她说主持这样隆重的活动,你紧张是应该的,是很正常的,恰到好处的紧张利于你潜能的发挥。你的腹部胀气,是因为你的身体也跟你一样紧张了,所以你要安抚它。我建议她闭上眼睛,默默安慰一下自己的腹部,把自己的信心传递给它。朋友按照我的方法试了试,五分钟之后,她信心满满地上台去了。后来她告诉我,尝试了我的方法之后,虽然腹部还有一些胀气,但是已经不难受了。她感受到身体和自己的情绪同仇敌忾,每一个细胞都为今天的主持做好了准备,她变得更有信心了。

三是追问,多问自己几个为什么。比如,情人节你没有收到刚分手的前男朋友的礼物,心情很沮丧,你可以问自己为什么会沮丧。表面上看是因为没有收到礼物,实际上是因为你还对刚分手的前任有不合理的期待,还没有完全接受你们已经分手的事实。

情绪觉察的能力不是一朝一夕就可以拥有的,需要平时多去体会。当一件事情发生的时候,我们要相信自己有应对的能力,然后在这个过程中,注意自己的情绪和感受。这样下一次类似事情到来的时候,我们就会有更好的情绪来应对。

情绪永远是我们最好的朋友。这个世界上的问题从来都不曾也不可能完全被解决,情绪也是一样不可能完全被解决。我们要觉察自己的情绪,跟情绪和平相处,回应内心的需要,活在有觉察的情绪中。

第 3 节

对世界的善意,是情绪觉察的基础

当一个人有了很强的情绪觉察能力,他同时也具备了操控情绪的能力。情绪觉察能力是一种很强大的能力,希望你带着善意去使用它。

电信诈骗是屡禁不止且伤害很大的一种犯罪行为,它通过电话的方式来进行诈骗,在电话中觉察到对方的情绪,再进行下一步的引导,2017年上映的电影《巨额来电》就揭示了整个黑幕。

《巨额来电》以诈骗团伙的独特视角赤裸裸地再现了惊天骗术的整个过程。影片中诈骗集团头目为观众揭秘了诈骗专业的黑话。影片将诈骗过程中每一个流程细节连贯地展现出来。犯罪分子作案环环相扣,流水线产业链,套路花式升级,其中有一个环

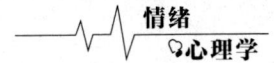

节就是他们具备高级的通话分析系统,可以通过这个人的语音、语调和语速来分析诈骗对象的情绪。

还有类似看面相的情况,骗子会根据你的表情和情绪变化,来猜测你的心理。骗子故意说你有大灾大难,激起你恐惧的情绪,进而骗取钱财。

在生活中,很多女孩子容易被用情不专的男人欺骗。

大多数女孩子容易被情绪感染而做出决定,求婚的时候,女孩们会被浪漫的求婚方式所感动,而选择答应。

胡兰成是近代史上有名的用情不专的男人,他在自己的回忆录《今生今世》中写了他和八个女人的故事。

胡兰成除了他本身的才气外,他很擅长察言观色,对女人尤其如此。普通男人只会用甜言蜜语哄女人,但胡兰成却能做到在什么时候说什么话,句句都甜到心坎上。如果哪个女人不理他,他就会拿着花,到人家楼下一直等,直到对方感动为止。

有些骗子的智商和情商都很高,而且执着又有毅力,如果他们认定一个目标,就会使用浑身解数去感动对方,来达到自己的目的。事实不会骗人,骗人的往往是我们自己的情绪。当我们在情绪上被对方感染后,就会为对方找理由,愿意一次又一次地相信对方的谎言。在某些极端的情况下,作为弱势群体的一方,需要努力摆脱情绪上的阻挠,保持清醒的判断,而事实则是判断的重要依据。

拥有对情绪的觉察能力,有助于我们未来人生目标的实现,有助于我们建立良好的人际关系和亲密关系。

一个人长远的发展和幸福必须要顺应天道、得合人心,古今中外,皆是如此。希望你带着对世界的善意,不去伤害无辜的人,拥有自己坦坦荡荡的人生。

重视理性的思考，
情绪管理不仅仅依靠情商

第 4 章

你认为情绪管理等于情商吗？实际上，仅仅依靠情商来管理情绪还远远不够。情绪是人类对外界的反应，其中既有分析判断，也有主观感受。在外界环境如此多变的情况下，时代对每个人的情绪管理都提出了更高的要求。学会独立思考，学会区分事实和观点，让你不被情绪牵着鼻子走。

第 1 节

善用智商,避免无谓的情绪

很多人认为,高情商就是具备很强的情绪管理能力,高情商就是会说话,高情商是与别人接触时让对方觉得舒服。虽然高情商对于情绪管理而言的确具有非常重要的作用,但是情绪管理不等于高情商,好的情绪管理还需要智商来发挥作用。

情绪是人对外界的一种综合反应,在生理、心理和外在方面都有不同的表现,这在第一章已经详细地论述过。在情绪反应产生的过程中,人的大脑会判断、分析、思考,而智商在这个过程中扮演着非常重要的角色。

智商是衡量个人智力高低的标准,这个定义是美国斯坦福大学心理学家推孟教授提出来的。推孟教授在日常的研究工作中发

现，不同的人在不同的年龄阶段，其分析判断问题的能力是不一样的，于是他提出智商这个概念，用以区别人和人在这个方面的差异。

智商和情商反映着两种性质不同的心理特质。智商主要反映在人的认知能力、思维能力、语言能力、观察能力等方面，它主要表现人的理性的能力。情商主要表现在个体把握与处理情感问题的能力。情绪是人对客观世界的一种综合反应。智商和情商共同决定了一个人会产生何种情绪。一件事情发生了，你的智商如果不够高，就不能对这件事情进行正确的判断，进而产生的情绪也是不恰当的。

王戎是魏晋竹林七贤之一，据说他七岁时就聪明过人。有一天，他和村里的孩子跑到村外去玩。玩累了，孩子们就想在路边树上找好吃的果子。只有王戎一个人发愁地说："这里不可能会有好吃的果子的，我们还是回去吧。"孩子们并不理会王戎的话，还是不停地边走边找。忽然，孩子们不约而同地欢呼起来，他们发现前面不远的路边，有一棵李子树，上面都是成熟的李子。孩子们开心地跑过去，纷纷爬上树去摘李子，只有王戎站在树下一动不动。孩子们摘到李子尝了尝都失望地哭了。事实正如王戎判断的那样，这棵李子树上的李子是苦的。因为这棵树长在大路旁，路边行人不断，如果是好吃的李子，不可能留到现在。王戎是通过一定的理性判断，进而没有产生过多的快乐期待，也就没有后来的伤心和失望。

情商根本无法挽救人们的情绪，而一个恰当的情绪是需要一定的分析和判断能力的。在关于领导力课程培训中有一个这样的说法，"智商高的人，如果认识到情商的必要性，那么他的情商一定是高的；而情商高的人，智商却不一定高"。为什么呢？因为智商高的人具备很强的学习能力、思考能力和判断能力，如果他觉得情商有用，会快速地学习提高，只要是后天可以学习的东西都难不倒智商高的人。而情商高智商低的人，想要提高自己的智商需要付出的时间和精力成本会很高。

对于情绪管理而言，智商和情商同等重要。二者都可以提高，只要你心系未来，走在正确的路上，就可以拨开层层迷雾与情绪友好地相处。

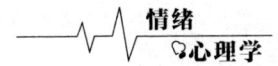

第 2 节

学会独立思考，让你不被情绪牵着鼻子走

我们生活在一个信息爆炸的时代，互联网的便利，自媒体的兴起，信息推送的智能化，我们被铺天盖地的外部信息包围。每个人都可以发声，每个人的观点都带着自己特有的价值观。如果你没有独立思考的能力，就会经常陷入"一觉醒来就被刷新认知"的旋涡中。

人类从远古进化以来形成的自我保护心理，让我们很容易被负面情绪感染，比如焦虑、悲伤、愤怒，等等，所以总有一些媒体通过"贩卖"焦虑来争夺我们的注意力。另外随着影视作品、娱乐节目的极大丰富，泛娱乐化也成为一个非常主流的趋势。打开电脑，会有很多综艺节目和肥皂剧在等着你，你的一天可以毫无压力地快乐度过。对于这些你的选择是什么？你是选择被焦虑和负面情绪包围，还是选择耽于享乐被虚假的快乐包围？

1. 想要真正管理情绪，必须学会独立思考

叔本华在他的《思想随笔》里这样写道："从本根上说，只有独立思考才是一个人真正的灵魂。看一个人是一个什么样的人，我们通过他的眼神就能看出，善于独立思考的人，他们的眼神充满从容和淡定。"叔本华解释说他人的思想就像别人餐桌上的残羹，就像陌生客人落下的衣衫。只有自主的思考，才真正具有真理和生命。独立思考意味着对事实和别人的观点不盲目认同，要带着批判的眼光、怀疑的态度去分析和实证。独立思考可以帮助我们看到事物的本质，不至于沉浸在盲目的情绪中。最常见的例子就是女孩子在恋爱中经常会失去独立思考的能力。

小C和男友从大学开始恋爱，毕业后两个人决定留在北京发展。考虑到生活的压力，小C毕业后找了一份销售的工作，虽然很辛苦，但是业绩好的时候收入也不错。而男友则以没有找到"理想中的事业"为理由，一直频繁跳槽，最近半年一直赋闲在家。小C承担着两人在北京的房租和其他开支，经济压力非常大，同时还包揽了同居生活中的所有家务。即便如此，小C并没

有得到男朋友的体谅和感谢。而且小C还在无意中看到男朋友牵着别的女孩子的手一起看电影。

小C曾好几次下决心要和男朋友分手，结果都被男朋友成功挽回。因为男朋友会想各种办法挽留她，比如送花、给她做饭吃、写情书，这些都让小C非常感动。在男朋友制造的感动和浪漫中，小C不断地欺骗自己，继续和这个既花心又不能养活自己的男朋友在一起。

小C就是被自己的情绪所困，在恋爱中失去了独立思考的能力，没有看到男朋友用情不专的本质，被自己的情绪牵着鼻子走。人生的有些选择非常关键，我们必须要独立思考，努力看到事物和人的本质，不被自己的情绪左右。

电影《教父》中的经典台词："花半秒钟就看透事物本质的人，和花一辈子都看不清事物本质的人，注定是截然不同的命运。"如果你花三天就看透了男朋友用情不专的本质，那么你可以带着遗憾离开，去寻找下一段幸福。如果你花一辈子才看清楚先生用情不专的本质，可以想象你这一生过得有多么地坎坷，你这一生将会面临无数的被骗和被愚弄，甚至还会影响孩子的幸福。现实往往不会骗人，因为它总是以真面目示人的，欺骗我们的往往是我们自己。我们在所谓的浪漫和小小的感动中失去了独立思考的能力，看不到事物的本质，这为以后的人生留下了很多的隐患。

2. 独立思考的人不容易被别人影响，不会因为情绪做出错误的决定

每天都有很多事情在影响我们的情绪，如果你没有自己的想法，那么你就会不停地被人干扰。具备独立思考能力的人，才能看透事物的本质，才能不被情绪左右。独立思考可以帮助我们形成自己的思维体系，没有独立思考地活着，就没有防御系统。如果你不具备独立思考的能力，当不好的事情发生时，你就会觉得这是无能为力的，是命中注定的，是自己逃脱不了的，如此你就只能在悲苦中过一生。如果你去思考、去质疑、去求证，就可以看到事情的本质，可以看到社会发展的脉络和未来，就会看到一些人性的规律，对人性有一些洞察，就可以知道什么会发生，又该如何去应对。

3. 学会独立思考的几个提示

独立思考首先要学会质疑。别人说的一定是对的吗？现在有很多消费信息，鼓励我们买买买，类似于"女人要对自己好一点""女人对自己最好的方式就是花钱""我不要打折的生

活",这些话语一开始听会觉得很有道理,但仔细思考一下真是如此吗?生活是具体的,人有各种各样的类型,没有一种观点可以指导所有人的生活,我们也没有必要去盲从。现在很多的观点都隐藏了前提假设,只是就其中一个方面无限放大。

独立思考要学会整合分析信息。当我们对别人的说法保持质疑的时候,我们的大脑就会自动思考并去搜寻问题的答案和相关的证据,当我们收集了很多证据之后,就要对不同的声音做出一个自己的分析判断。比如那句"女人对自己最好的方式就是花钱",首先什么是"对自己最好"呢?"花钱"意味着什么?历代有哪些对自己很好的女人?她们都是如何对自己好的?那些经常花钱的女人,是对自己好吗?这句话的前提条件是什么?这句话背后的假设又是什么?这句话如何才能成立?通过这些追问和信息整合,我想每个人都有了自己的看法。

独立思考要自己得出结论。通过以上的提问和分析,你可能会得出这样的结论:"女人对自己最好的方式就是花钱",这句话适用于那些可以通过物质满足就能获得幸福感的人。有些女人注重灵魂的提升,她对自己好的方式可能是读书,可能是去参加心理学的课程。如果一个人没有钱,难道就不能对自己好了吗?显然不是。对自己好是一种心态,而不是一种简单的行为。有了对自己好的心态，就会重视自己的感受，会努力去成就自己，这自然就是对自己好。

通过这样一个思考的过程，你就具备了自己独立的想法，可能这个想法并不完整，也可能不是绝对正确，但随着你人生阅历的增多，这个想法还会发生改变。不过这都不重要，重要的是你已经慢慢具备了独立思考的能力。

在我们的一生中，会遇到各种各样的困难，也会遇到各种各样的价值观和思想体系，如果一个人没有自己的独立思考，只能不断被别人影响，成为别人的影子，把别人的观点当作自己的观点，那么自己的情绪也会跟随别人一起波动。

世界是一个大的游乐场，万事万物都是"积木"，各种思想观点也是"积木"，如果你有自己的独立思考，那么就可以在这个游乐场中选取材料，搭建自己的精神宫殿；如果你没有自己的思考，就只能依附在别人的宫殿中生活。我们从四面八方获得信息，因此渐渐形成了自己的人生观和价值观，有了自己认为重要的东西和坚持的操守。一旦跟外界发生碰撞和互动的时候，你有自己的精神宫殿，就不会那么容易被侵略、被摧毁，更不会被情绪冲昏头脑而失去理智。

孔子的弟子颜回正是有自己独立思考的能力，才能在遭到

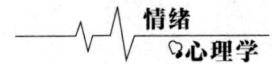

别人的否定时做到"不迁怒，不贰过"。因为他有自己的精神宫殿，因此不被别人的思想左右，更不容易有大的情绪波动。如果你之前没有独立思考的习惯，那么就请从今天开始独立思考吧，独立思考是我们的第三只眼睛，帮助我们看到更多的风景，这个过程虽然不那么容易，但这是我们走向成熟，与情绪和平相处，走向幸福的必经之路。

第 3 节

分清事实和观点,不战而屈人之兵

长假后的一天,你心情愉悦地去上班。到了公司,你在茶水间碰到同事小花。小花神神秘秘地跟你说:"你知道吗?这几天欧洲总部的领导来北京开会了,不知道是因为什么事情。去年公司的业绩很不好,我猜测没准我们会被裁员,我们要做好准备了。"听到小花这么说,你想到自己身上的房贷和车贷,心情瞬间就暗淡了下来,忍不住地忧虑起来。

这种场景在你的生活中常见吗?本来情绪状态是比较积极的,因为别人的几句话,瞬间就暗淡了。我们的情绪经常受外界事情的影响,波动很大。要想与情绪和平相处,非常关键的一点就是学会区分事实和观点。

据说在欧洲的一些国家，学校从小学开始教育孩子如何分辨事实与观点，告诫孩子事实不可否认，观点则可以不予认同，如果事实和观点混淆不清，则无法进行有效思辨和质疑，也谈不上科学精神。而在我们的教育中，大部分家长对孩子的期待是服从和听话，对于分辨事实与观点方面的培养就相对比较薄弱。

我的九年义务教育是在农村度过的，在二十年前的农村，体罚学生是非常常见的事情。公布月度考试成绩的方式是：老师在课堂上发试卷，被喊到名字的同学去讲台上领取试卷，这时老师会对考得不好的同学加以批评或者体罚。考得好的同学，就可以喜滋滋地看着考得差的同学受罚。

小学四年级的时候，一次数学考试，我们班的"班花"考试不及格。公布成绩那天，她穿着非常美丽的白色长裙，头上还带着一个粉色的蝴蝶结发卡。等到她上台领取试卷的时候，女老师带着嘲笑的语气说："你才考了30分，都对不起你这衣服。"全班同学瞬间鸦雀无声，都知道老师要发怒了。我由于个子小，坐在教室第一排，因此可以清楚地看到老师鄙夷的神态。突然"啪"的一声，老师一巴掌拍在"班花"的脸上。我清楚地看到她白皙的小脸瞬间肿了起来，接着就传来老师雷霆般的愤怒："你是猪吗！你是饭桶吗！你考这么少的分数还有脸每天吃饭吗……"老师发怒的时候，顺手拿起黑板擦打在"班花"的头上，"班花"粉色的发卡掉在了地上，蝴蝶结也折断了。"班花"低着头，眼睛里噙着泪水，她瘦弱的身体微微颤抖着，仿佛随时会晕倒。老师骂完之后，"班花"不敢去捡发卡，只是慢慢转身回到了自己的座位上。

这个画面在我的记忆中非常深刻，我是老师最喜欢的学生，经常被老师夸奖，但我一直有一种很深的恐惧，我总害怕老师有一天也会打我。后来"班花"小学毕业之后就辍学了，我也到外地读高中没有再联系，再后来上了大学，每当我看到漂亮的女孩子，就会想起她。不知道她是否有什么梦想，但是当她被老师责骂，蝴蝶结发卡断了的那一刻，她的梦想可能就此破碎了，同时破碎的还有她的自信、自尊和快乐，修复它们，可能需要耗尽一生的力气。

前几年的一个春节，我回村里，在村口碰到"班花"。她开着一辆破旧掉漆的铲粪车，铲粪车的车轮比我还高，她动作娴熟，表情自然。我没有认出她来，她在村口喊了我的名字，我怔了一下，才认出是她。她早已经没有了当年的美丽，满脸沧桑。此时的她已经是三个孩子的母亲，先生在外地打工，自己在家带孩子。孩子上学之后，她就帮着村里的养殖大户铲粪，挣一些苦力钱，以补贴家用。

后来我一直在想，如果外界的伤害不可避免，我们如何才能修炼自己拥有一颗强大的内心。直到有一天我意识到，别人告诉我们的事情有些只是观点，而不是事实。如果我们认同了别人的观点，那么就有可能成为事实。如果可以穿越回到四年级的那天，我一定对"班花"说："你这次数学考得不好是事实，但是你笨和你是饭桶并不是事实，那是老师的观点，你要知道老师有时候也是错的，不然她就应该去当上帝，而不是来给我们当老师。"

事实是我无法穿越回到那一天，我也无法对"班花"说出那些话。在某些地方，或者某些场景下，还有千千万万的人每天都在被评价、被误解、被贬低，或者被羞辱。如果一个人分不清事实和观点，那么他的情绪沉浮就会随波逐流，他的心境和未来如何也就只能看运气了。

在我们的生活中，有一个非常重要的人，我们称之为"重要他人"。"重要他人"对我们的评价非常关键。小时候，这个"重要他人"一般是爸爸妈妈，在低年级的时候，这个"重要他人"里有了老师。到了恋爱时期，这个"重要他人"可能是我们深爱的人。我们生命中的这些"重要他人"可能也是爱我们的，但是爱并不意味着他们不会犯错。只要是人都会犯错，有时候他们想要表达的是爱和关心，但实际说出来的话却是伤害和嘲讽；有时候他们想要表达的是期待和焦虑，但实际说出来的话却是愤怒和指责。在我们与外界的碰撞中，学会区分事实和观点就变得非常重要。

如何区分事实和观点呢？一般而言，对事实的陈述有着客观内容，能得到有效证据的支持。对观点的陈述其内容要么是主观的，要么不能得到有效证据的支持。我们可以发现，事实和观点的区别主要在两个方面：第一，内容是否是客观的；第二，是否能得到有效证据的支持。

比如你说："足球是圆的，足球没有篮球好玩。"在这句话中，"足球是圆的"就是事实，因为它是一种客观的描述，关于足球是否是圆的，也可以得到有效证据的支持。"足球没有篮球好玩"就是观点，这是一个主观的描述，而且没有有效证据的支持。

我们来看下面这些例子，你认为哪个是事实，哪个是观点？

（1a）我的电脑安装了Windows系统。

（2a）每月农历十五和十六的月亮比较圆。

（3a）每年有几亿观众观看春晚。

（4a）现任领导是一个海归名校博士。

（1b）苹果比梨好吃。

（2b）月亮上面有美丽的嫦娥和玉兔。

（3b）春晚的节目越来越好看。

（4b）海归名校博士领导将会在明年升职加薪。

对于以上的句子，我们一般认为a类陈述是事实，b类陈述是观点。

我们可以用佩利·韦德（Perry Weddle）所谓的"谁的测试"来区分事实和观点：我们可以说"这是谁的观点？"但却不可以说"这是谁的事实？"比如"我的电脑里安装了Windows系统"，我们不能说"这是某某的观点"，但这是一个可以验证的事实。比如"苹果比梨好吃"，我们可以说"这是某某的观点"，但是却不可以说"这是某某的事实"。

在我们的生活和工作中，事实和观点可以用上面的方法来区分。但在科学和学术的边界，事实和观点有时候会互相转化。最家喻户晓的例子就是"地心说"到"日心说"的转化。地心说认为，地球处于宇宙中心静止不动。从地球向外依次有月球、水星、金星、太阳、火星、木星和土星，在各自的轨道上绕地球运转。曾经在很漫长的时间周期里，"地球是静止不动的"这句话被认为是一个事实。而现在我们都知道，这并不是一个事实，而是一个观点。哥白尼提出的"日心说"，认为太阳是宇宙的中心，而不是地球。有力地打破了长期以来居于宗教统治地位的"地心说"，实现了天文学的根本变革。

随着人类科学的发展，在我们认知自然科学的过程中，很多目前看似是事实的东西，未来可能会被推翻，会变成观点；也有很多现在是观点的预言，未来会被验证成为事实。在人类的交往互动中，更多的观点会被变成事实。比如，一个孩子被家长指责没出息，这使孩子很伤心，可能从此自暴自弃，就会真的变得越来越没出息。

在我们目前整体的认知情况下，个体如果可以对事实和观点做有效地区分是非常难得的品质。现在很多的教育工作者和父母，都不能正确地区分事实和观点。常常见诸报端的暴力事件，往往是当事人不能区分事实和观点，导致无法控制自己的冲动，因此造成了很多的悲剧。最常见的是北京早高峰的地铁上经常有吵架的现象。

乘客A骂乘客B："你挤什么挤呀，没素质。"

乘客B回击说："你才没素质，你全家都没素质。"

乘客A继续骂乘客B："我看你是早上吃多了吧？脑子有

病吧?"

乘客B说:"你才脑子有病呢。"

然后两个人就打了起来,拥挤的地铁上,瞬间给打架的两个人腾出了空间,每个乘客都不希望被无辜牵连。如果乘客B可以区分事实和观点,那他一开始就能敏锐地意识到:我是在挤,但是不挤怎么可能上得去地铁呢?但是"我没素质"是他的观点,不是事实,我没必要认同他的观点。如果乘客B这样想,他就不会那么生气,也就不会跟乘客A继续纠缠。

我们经常看到有些智者,可以轻松地化解尴尬,化解别人的嘲讽和恶意,其中很重要的原因是他可以迅速判断什么是事实,什么是观点,并且能一直保持冷静的思考。如果情绪涌上心头,一味地强制压抑是很难的,从根源上去区分什么是事实,什么是观点,才能将这种情绪从根本上瓦解。如果他说的是事实,那我们就努力去面对解决这个事实。如果他说的是观点,那么是否要认同他的观点决定权在自己手中,如果他的观点是有失偏颇的,那是他自己的局限,我为什么要生气。我们分清事实与观点,做到釜底抽薪,不战而屈人之兵。

第 4 节

向现实臣服,并不等于"妥协"

我们学会区分事实和观点后,接下来的问题也随之而来。如果现实冰冷地存在,而我们依然难以情绪平静地接受,那是不是就要学会向现实臣服?

"臣服"在身心灵领域经常被提到。从字面上去理解,"臣服"意味着接受现状、现实,也意味着对某个更高的规律、秩序、存在等的无条件服从。但是臣服并不意味着向现实妥协,这两者有很大的区别。臣服是主动地接受现状,并采取相应的行动;妥协是被动地接受现状,是一种深深的无奈。

前几年有一首很流行的歌曲《泡沫》,其中的歌词如下:

"阳光下的泡沫,是彩色的,就像被骗的我,是幸福的;

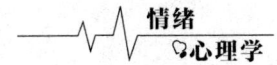

追究什么对错,你的谎言,基于你还爱我。

美丽的泡沫,虽然一刹花火,你所有承诺,虽然都太脆弱……"

故事中的女孩子被骗之后,选择了妥协,选择了依然跟男方在一起,她的选择是,"追究什么对错,你的谎言,基于你还爱我"。

还有前几年一首很火的歌曲《香水有毒》,其中的歌词是:

"你身上有她的香水味,是我鼻子犯的罪,不该嗅到她的美,擦掉一切陪你睡……"

在发现爱人出轨之后,带着受害者心理和委屈妥协,继续和对方在一起。这不是臣服,是对生活的无原则和无条件的妥协。

张德芬在《遇见未知的自己》这本书中讲了一个很好的故事,对臣服做了很好的诠释。女主角若菱遭遇到了巨大的痛苦,她发现自己的好朋友兼同事诬陷她,发现自己的先生背叛了她。于是她找到了老人去咨询。老人给她的答案匪夷所思,竟然让她去臣服。

若菱非常恼火,无法做到平心静气,毕竟自己是受到创伤的人,居然要臣服要接受这一切。既然她无法立刻臣服,老人就让她先和痛苦、愤怒放到一起,感受这痛苦和愤怒,把内心中的怒气发出来。若菱把坐垫当作发泄的对象，当她狠狠捶打了坐垫之后，她的怒气得到了释放，可以静静地思考。

老人说让她臣服，到底臣服的是什么呢？不是陷害她的朋友，也不是背叛她的先生，而是臣服当下的事实。人们都不愿意接受现实，总想说如果当时不怎样该多好。这种想法毫无用处，却是我们正常的反应，因为人对痛苦的第一反应就是回避。臣服并不代表这个痛苦的现实不可改变。所以老人告诉若菱，可以把自己的不满告诉老板或者选择离开这家公司，也可以选择跟先生开诚布公地交谈，离开先生或者选择原谅他。

鲁迅笔下的祥林嫂是不能臣服现实的一个经典人物。她的儿子阿毛被狼叼走之后，她重新回到鲁四老爷家打工，但是精神一直不能好转，口里反复絮叨："我如果当时不把阿宝放在家里就好了，我当时如果不上山砍柴就好了……"而现实是，孩子已经被狼叼走了。但是祥林嫂总是不愿意去接受这个现实，精神一直萎靡不振，最后失去了工作，再加上不合理的封建思想和制度，祥林嫂在大雪之夜冻死在了街头。

臣服是接受现实，然后积极应对。不接受现实，一直怨恨别人或者责怪自己，只会让问题变得更加糟糕。如果向现实作了妥协，但依旧带着委屈不甘的心情继续生活，而问题并没有解决，这样反而隐藏着更大的隐患。时间有速度，现实有重量，我们必须要去面对。只有真正地向现实臣服才能丢掉过去的包袱，轻装前进。

世间万物都在一个庞大的系统中，系统自有其运转的规律。人性善恶和人心向背也有一定的规律。真正的臣服是越来越了解更多的规律，可以从繁芜丛杂的事实中找到背后的规律，从而可以从容地应对。从古至今，但凡是活出自己的人，无论是圣贤功臣还是普通百姓，都对客观规律有一定的认识。

曾国藩是大器晚成的典范，27岁才中会试，赐同进士出身，进入翰林院。当他觉得自己可以大展宏图的时候，一切并不顺利。那时候京官的俸禄很低，他也没有任何实权，更没有额外的收入，而微薄的俸禄已不能支撑他在京城的花销。远在湖南的家人省吃俭用，每年定期托人带银子进京给他，除了银子衣物以外，还有母亲亲手做的咸菜。曾家的女子勤俭节约在历史上是出了名的，又因曾国藩的爷爷善于经营家庭，所以无论年景如何，都能给曾国藩支援银两和衣服。

曾国藩碰壁的原因之一是他不熟悉官场的规律。表面上他受到了军机大臣穆彰阿的举荐，是他的得意门生，但是因为曾国藩不认同穆党的作为，实际上只是礼貌性地拜会军机大臣穆彰阿。

穆彰阿心知肚明，不能收为己用的人，当然也不会重用，因此曾国藩也不受穆彰阿的喜爱。翰林院的官员过寿，同一时期的学子都要去贺寿。但曾国藩认为没必要去，一是自己实在太穷，一日三餐都是问题；二是觉得今天A过寿，明天就B过寿，长期下去，就没完没了、无穷无尽了。因为对现实的抗拒，对官场人心的排斥，曾国藩虽然也做了一些事情，但是远远未能发挥自己的能力。

曾国藩40岁那年，母亲去世，他回家乡丁忧。处理完母亲的丧事后，他开始反思自己的这一生。远离了京城的喧嚣，此时他开始审视自己的内心，审视自己与世界的关系。他觉得自己已经到了不惑之年，却一事无成。他终于明白，凭着自己的耿直和清白，并不能成就大业，他需要与人协作，需要借力。但是与人协作和借力，并不需要同流合污，失去自己的本心。

丁忧结束之后，曾国藩奉命组办湘军。此时的曾国藩已经彻底转变，他不再抵触现实，他向现实臣服，利用官场的规律和人性的弱点，跟京城的官员做有效互动，这些京官就在皇上面前为他说了不少好话，这为曾国藩前期工作的开展扫清了障碍。

在湘军组建到一半的时候，曾国藩又遇到了很大的问题。有一次湘军打了胜仗，战争结束后，曾国藩如实向朝廷请奏犒赏官员。犒赏结果出来后没几天，就有几个他的幕僚离他而去，投奔到其他官员名下。曾国藩大为不解，大家一起同仇敌忾抵抗敌人，为什么胜利了，大家反而离开他了。看他苦思冥想不得其解，他的好友一语道破："大家抛妻弃子，冒着生命危险来操办湘军，主要是为了实现自己的平生报复，同时也是为了光耀门楣，让自己的家人过上好日子。你虽然为人亲和，但过于清白，大家觉得跟着你未来不会实现自己的目标。而另外一个官员，只打了一个很小的胜仗，就向朝廷申请了大量的官位和犒赏，相关人员都得到了奖励，士气大振，所以有更多的人慕名前去。"曾国藩幡然醒悟，这是人性，与品德道德无关，自己的一生不追求物质生活，但是却不能要求下属也是如此。之后的曾国藩，每次打了胜仗，都努力给下属争取朝廷的奖赏，再加上曾国藩惜才如命，才有了李鸿章、彭玉麟、郭嵩焘、左宗棠、刘蓉、罗泽南、李元度、丁日昌等人的加入，这些人后来都成为影响中国近代史发展的关键人物。

曾国藩洞察了官场的规律，人性的规律。后来他也接受一些钱财的往来，但并不是为了自己，而是为了实现自己的理想，为了自己的国家而尽忠。太平天国胜利之后，曾国藩手握湘军，遭到了朝廷八旗官员的忌惮，八旗官员上书慈禧太后，说曾国藩有谋反的嫌疑。曾国藩跟朝廷相处这么多年，早已经预料到了朝廷的所思所想，也明白"飞鸟尽，角弓藏"的道理。他主动上书慈禧太后，承诺在三个月之内裁撤湘军，且不用国家出任何裁撤的费用，慈禧大喜。当时国库空虚，曾国藩可以解决这样一个大麻烦，却不让国家出钱，慈禧做梦都没有想到。从此，慈禧对曾国藩无比信任。

曾国藩早就料到了会有此一天，所以他早已经准备好裁撤湘军的巨额银两。两个月之后，湘军安全裁撤，而且没有发生任何变乱。军人拿着饷银回到家乡，与妻子父母团聚，开始劳动生产。曾国藩一生勤勤恳恳，不曾贪图荣华富贵。传闻他的一件睡衣穿了十几年，上面有十几个补丁还是舍不得扔掉。即便后来曾国藩位居高官之时，他的妻子和女儿都是亲自缝制衣服，并且家中的下人也非常少。

回顾历史，像曾国藩这样能够善终的人凤毛麟角，其中非常重要的原因是曾国藩的臣服而不是妥协。曾国藩手握重兵，立下大军功，又善于培养人才，在学术上有建树，威望也很高，虽然屡屡遭人陷害，却都能化险为夷。他臣服于清朝政府的运作机制，臣服于人性和人情世故，臣服于自然规律，臣服于学术发展。中国自古就有立功（完成大事业）、立德（成为世人的精神楷模）、立言（为后人留下学说）"三不朽"之说，而真正能够实现者却寥若星辰。在这个过程中，曾国藩在臣服规律的前提下，依然竭尽所能地保持了自己的操守和准则，做出了自己的贡献。

如果曾国藩在40岁那年，向官场妥协，向人性的贪婪和恐惧妥协，那么他可能成为一个富甲一方的官员，却不是我们的"曾文公"了，也不能获得"修身齐家治国中华千古第一完人"的评价了。如果他依然保持自己的个性，忽视官场规则和人心的规则，那么他也不可能聚集强大的力量去完成自己的使命，也就不会有后期的洋务运动。

臣服并没有我们想的那么简单，真正的臣服需要很高的认知水平，需要一定的分析和判断能力，需要对规律的洞察和对自己的坚守。

希望你是一个真正明白臣服，并且学会臣服的人。没有臣服一直带着抵触愤懑的情绪与规律对抗，是没有益处的，而放弃自我向现实妥协也不是我们应该选择的。选择提高认知，学会臣服，时时反观自己，这不是一条容易的路，却是一条正确的路。

掌握认知疗法，摆脱思维的桎梏

第 5 章

提到情绪管理，离不开埃利斯的 ABC 认知疗法。我们都可以试着拆掉思维的墙，找到重重束缚下的自己。他人是否是地狱，他人是否会影响你的情绪，甚至断送你的人生，取决于你有没有独立个体，取决于你有没有与世界相处的能力。看见自己，走向属于自己的未来。

第 1 节

找到情绪背后的信念,发现影响情绪的秘密

在春光旖旎,桃花盛开的日子,一般人们会觉得春风温柔,心情舒畅。朱自清在散文《春》中写道:"小草偷偷地从土地里钻出来,嫩嫩的、绿绿的。园子里、田野里,瞧去,一大片一大片满是的。坐着、躺着,打两个滚,踢几脚球……风轻悄悄的,草软绵绵的。"但是,几百年之前的林妹妹,可不是这样认为的。话说在那个美丽的大观园中,到处是帅哥美女、花园美景、亭台楼阁。有一天,男主角贾宝玉经过花园中的假山,听到有呜咽之声,哭得好不伤感。贾宝玉赶紧去看看是哪房的丫头受了委屈跑到这个地方来哭。他过去一看,却发现是自己的表妹林黛玉在哭。她一边哭一遍吟唱道:"花谢花飞花满天,红消香断有谁

怜？游丝软系飘春榭，落絮轻沾扑绣帘……"

黛玉葬花是《红楼梦》中的经典片段。林黛玉最怜惜花，觉得花落之后，被践踏污损，是一件非常悲伤的事情，花也像人一样，也要入土为安，埋在土里最干净。在春光美好，落英缤纷的世界里，黛玉妹妹却哭哭啼啼地去葬花。在著名的《葬花吟》中，传达出浓浓的消极颓伤的情绪。

一般人们看到落英缤纷心情是美的，但是林妹妹却是伤心痛苦的。由此，我们可以发现，让林妹妹痛哭的，并不是桃花落了这个事件本身，而是林妹妹对待这件事情的态度和她内心固有的信念。

在距今约100年前，有一个心理学家埃利斯出生了。埃利斯创建了情绪ABC理论，完美地解释了林黛玉葬花事件。埃利斯认为事件不是引发情绪的直接原因，而是间接原因；引发情绪的直接原因是我们对这个事件持有的态度和信念。用一张图表示如下。

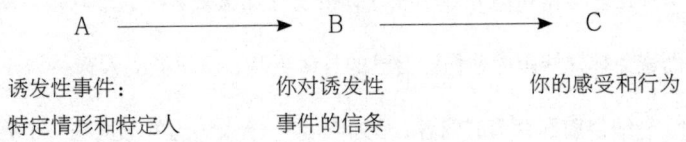

诱发性事件：　　　　你对诱发性　　　　你的感受和行为
特定情形和特定人　　事件的信条

激发事件A（Activating event）。个体的认知和评价而产生的信念B（Belief）。事情的后果，我们的情绪或者行为C（Consequence）。

由此，我们会发现，并不是因为事件导致了我们的感受和行为，而是我们的信念影响了我们对事件的看法，从而导致了我们的感受和行为。这样一来，如果我们想要通过改变事件来改变我们的感受，在有些事情上是没有用的，而正确的做法是要调整我们的信念。

黛玉认为是因为桃花开败了，才导致自己如此难过。其实这个过程是这样的：客观事实是桃花开败了，林妹妹的内心信念是所有美好的事情都是短暂的、易逝的，就像自己寄人篱下的悲惨命运一样，产生的情绪或者行为使黛玉感觉很难过，难过得忍不住哭泣，然后她拿着自己的花锄和小箩筐，去埋葬这些可怜的花儿。导致林妹妹悲伤的并不是落花，而是她自己的态度和信念。后来宝玉安慰了林妹妹，甚至跟她一起去葬花。如果宝玉知道这个理论，他就可以开导林妹妹，帮助林妹妹来觉察这个问题，从而避免林妹妹因为悲伤让自己的身体更差，早早撒手人寰。

结合前面章节的内容，我们知道一个人信念的形成与一个人的"背景音乐"有关，与一个人的"人生剧本"有关，从觉察到改进，是一个很快但又很漫长的过程。过程很快是因为你可能在当下就会立刻意识到自己的错误信念，马上就会豁然开朗，顿觉柳暗花明又一村。过程又很漫长是因为人是有惯性的，在你下次遇到类似事件的时候，你的惯性会把你带到原来的思维里面去。

情绪问题就像感冒发烧一样会经常出现，原因是外界病毒的侵袭或者自身抵抗力降低。我们的一生，不可避免地要遭受到很多的不如意和不顺心，我们无法保证自己时刻拥有强大的内心，但我们可以时时觉察，拥有"第三只眼睛"。当我们遇到事情的时候，要仔细观察自己的感受，反问自己，这种感受的原因是什么。我们要学会发现自己的不合理信念，否则，就会一直沉浸在消极的情绪中，并且会引起情绪障碍。

最常用的方法是与不合理信念辩论，这是合理情绪疗法最常用，也最具特色的方法，它来源于古希腊哲学家苏格拉底的辩证法，即让你说出自己的观点，然后依照你的观点进一步推理，最后引出谬误，从而使你认识到自己先前思想中不合理的地方，并主动加以矫正。

我的一个朋友，她的人生就是努力、拼搏这类词汇的最好诠释。她全年365天不休息，不是在工作就是在读书、考证。她每天都安排得满满的，在她看来吃饭和睡觉都是浪费时间，至于逛街、看电影，更是绝对不能容忍的。她一般买一些经典款的衣服，然后反复穿。学习、工作累了，若是选择看电影来放松，她也是在手机上通过视频APP来看，而且都是用两倍的速度来看。这样高强度的努力，使她在工作上取得了一定的成绩，但是她说，她的后背总是有一种疼痛感，而且年逾三十二岁还没有真正谈过一次恋爱。又到年底了，她非常烦躁，来寻求我的建议。

我问："你想谈恋爱吗？"

她说："想。"

我问："那你有行动吗？你每天这么忙，给另一半留出时间了吗？"

她说："我有行动呀，我留出时间了呀，我已经做了很大的努力。前几个月，我们领导给我介绍的那个人，我跟他一起看过两次电影，是在电影院正常速度看的。加上路上往返的时间，看一场电影花了我四五个小时。"

她说的时候，一副"我真的很有诚意"的样子。

我被她的逻辑再一次震撼到。我继续问："你身边的姑娘，你觉得谁谈恋爱谈得比较好？"

她说："我的同事姑娘C经常谈恋爱，现在快要结婚了。"

我问："她为什么经常谈恋爱？"

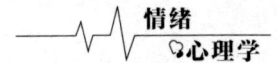

她脱口而出:"她家里那么有钱,当然可以随便谈恋爱。"

我反问:"你的意思是,你家里没钱,就不能谈恋爱吗?"

她说:"我的意思是,她家里有钱,不用努力,男人也不会嫌弃,所以可以随便谈恋爱。"

我继续问:"你的意思是,男人都会嫌弃没钱的姑娘吗?"

她犹豫了一下说:"是的,男人都会嫌弃没钱的姑娘,没钱就没有底气。"

我继续问:"是你觉得男人嫌弃你没钱,还是你自己因为没钱而没有底气?"

她说:"我觉得男人会嫌弃我没钱。"

我问:"你从17岁上大学到现在,接触过多少男人?又有几个男人是因为嫌弃你没钱,才没有和你交往的?"

她迟疑了,在事实面前,她无法继续回答我。她说:"貌似也没有,我只是觉得没钱的姑娘要拼命努力,才会幸福。"

我问:"你的意思是,如果一个人没钱,就不配幸福,就不配休息吗?"

她说:"好像也不是。"

她再一次迟疑了。她低下头沉默了五分钟。

当她再次抬起头来的时候,眼里噙着泪水,她说:"你说的对,一个姑娘,即使没钱,也配得到休息,也配得到幸福。"

我微笑着说:"你现在收入比同龄人高多了,但是,你还一直觉得自己没钱。你需要的自信和底气,不是钱可以给的,你得自己给自己。爱情和幸福的确是需要一定的物质基础,但是,你早已经过了那个需要努力维持生存的阶段。我相信等你学会放松之后,你后背的疼痛会缓解,也会遇到自己的爱情。"

后来,朋友跟我说,她发现一切原来没有她想的那么难。当她发现了自己错误的信念后,她看待世界的眼光发生了变化,她的焦虑也随之减少,她现在后背也没那么疼了,而且最关键的是,她有了一个男朋友。她的情况开始改变,主要源于她自我信念的调整。

苏格拉底这种辩论的方法,主要是从理性的角度来找到自己或者别人的不合理信念,对不合理信念和假设进行挑战和质疑,以动摇他们的这些信念。

从自己或者他人的信念出发进行推论,在推论过程中会因不合理信念而出现谬论,出于自我保护的心理,我们必然要进行辩论和解释,经过多次解释和修改,我们就会找到合理的信念。而合理的信念不使人产生负面情绪,从而使自己摆脱情绪的困扰。

辩论有其基本形式,一般从"按你所说……"推论"因

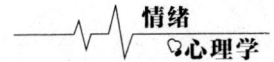

此……",再推论到"因此……"即所谓的"三段式"推论,直至产生谬误,形成矛盾。在追问的过程中,使对方不得不承认其中的矛盾,迫使对方改变不合理信念,最终建立合理的信念。

一般来讲,无论是自己还是他人,并不会轻易地放弃自己的信念,还会寻找各种理由为它们辩解。毕竟有些信念虽然是错的,但是这些信念带给我们现在的这一切,无论是好的还是坏的,这些组成了现在的自己。如果在别人还没有做好准备的时候,就贸然让别人放弃自己的信念,这可能会给别人带来更大的伤害。无论对自己还是对他人,都是如此。我们要找到情绪背后的信念,发现影响情绪的秘密。

第2节

拆掉思维的墙,打破限制你的樊篱

我们经常说,人和人的差别比人和猴子的差别还要大。同样的两个人,有完全不同的行为模式和反应模式,也有完全不同的情绪人生。我们的思维和信念筑成一道坚固的墙,来保护我们自己。我们要尝试发现自己的不合理信念,然后拆掉思维的墙,让自己不至于被无意识的信念和情绪牵着鼻子走。不合理的信念主要有哪些呢?科学上一般分为三大类。

1. 绝对化的要求

我身边有几个非常优秀的姑娘,她们都是曾经发奋努力考进一流的大学,毕业时拿到了很好的Offer,进入了快速发展的

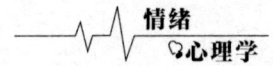

行业。她们都有很强的自控力和时间规划能力,个个都是工作狂。她们的口头禅经常是"我必须……""我一定要……"。比如,"我必须要拿下这个项目""我一定要找一个非常完美的先生""我的先生必须对我一心一意,不能看别的女人一眼",等等。

她们的这种绝对化的要求之所以不合理,是因为万事万物都有自己的发展规律,不可能全部以个人意志为转移,尤其在婚姻关系中。对于个人来说,更不可能在每一件事情上都能获得成功。

又如,现实社会中有很多妈妈认为:我为了孩子不惜放弃自己的事业,所以孩子必须听我的话。可是孩子也不会完全按照妈妈的意愿来表现及发展。所以,当孩子的表现和妈妈对孩子的绝对化要求相违背时,妈妈就会感到难以接受和适应,从而极易陷入情绪困扰之中。

我们不妨把心里中的"一定""必须"换成"希望""想"。来体会一下其中的不同。

"我一定要找一个非常优秀的先生"换成"我希望找一个非常优秀的先生"。

"我的先生必须晚上10点前回家"换成"我希望先生晚上10

点前回家"。

"我的孩子一定要非常听话"换成"我希望孩子非常听话"。

"我的孩子必须考上清华北大"换成"我希望孩子考上清华北大"。

最理想的状况是，不要有绝对化的想法，但是要有100%的努力。按照物极必反和能量守恒的定律，过度强调"必须"和"一定"，是一种没有自信的表现。比如，你渴了要喝水，你在什么情况下要说，我渴了一定要喝水，我渴了必须要喝水，那就是在你可能喝不到水的情况下，才会这样说。

2. 过分概括的评价

人生有每个阶段的主题，一般意义上，18岁之后到35岁之前，大家的烦恼主要是关于恋爱的话题。

关于恋爱，我们在网络上经常看到类似这样的提问："女人都很看重物质条件，没钱如何找到女朋友？""男人都很在意外表，皮肤黑要怎么办？"假如你谈过的10个女朋友都很在意物质，然后你就说所有的女人都很看重物质。所谓过分概括化的评价，就是用局部来代表整体。

我有一个大学同学，毕业之后在深圳发展。他喜欢上一个漂亮的女孩，女孩的追求者很多，他当时为了追到这个女孩，常常

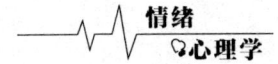

买各种礼物送给她。功夫不负有心人，他终于追到了这个女孩。谈了两年恋爱之后，他跟女孩求婚，女孩也答应了，但最后因为房子和经常吵架的问题，女孩最终还是和他分手了。分手之后，这个男同学异常伤心，他说颜值高的女孩子都非常"物质"，他以后再也不会找漂亮的女孩做女朋友了。

那段时间，他经常晚上给我打一个小时的电话，反复吐槽自己的前女友是如何"物质"，感叹自己当时如何省吃俭用就为了给她买礼物。他一直在强化"漂亮女孩很看重'物质'"这个观念。只因他前女友的离开，他就断定全世界的漂亮女孩都"物质"，这是一种以偏概全的不合理思维方式的表现。

用心理学家埃利斯的话来说，以偏概全好像凭一本书的封面来判定它的好坏一样。一个五六岁的小孩吃了第一口梨，发现梨很酸，于是他哭着说："天下所有的梨子都是酸的，我以后再也不吃梨了。"在我们成年人看来，这个小孩非常可爱又可笑，但是我们成年人的思维和信念往往也如同这样的小孩。

当女孩遇到一个用情不专的男人，失恋了，然后就哭着说男人都是坏东西，我以后再也不相信男人了；因为做错了一件事情被领导批评了，就哭着说我真是一个没用的人；写的第一篇文章被退稿了，就哭着说自己没有才华，不适合写作。

我们常常把"有时""某些"过分概括化为"总是""所有"。以上的话，我们不妨改一下。

当女孩遇到一个用情不专的男人，失恋了，哭着说有些男人真是坏东西，我以后一定要好好甄别，找一个好男人；因为做错了一件事情被领导批评了，哭着说我这件事情没做好，我要好好反思一下，以后都做好；写的第一篇文章被退稿了，哭着说自己这篇文章没写好，要好好反思一下，也许我是没找到合适的方法，要继续加油。

有些人遭受几次失败后，就会认为自己"一无是处、毫无价值"，这种片面的自我否定往往会导致自暴自弃、自罪自责等不良情绪。而如果这种片面的自我否定一旦指向他人，就会一味地指责别人，产生怨忿、敌意等消极情绪。比如，有些人经常看谁都不顺眼。我们应该知道这个世界上没有完美的人，也没有人向你承诺这个世界是完美的。世界并不认识你，它只是在呈现它本来的样子。我们不要概括化地评价或者总结，生活是具体的，必须还原到具体的场景中。

3. 糟糕至极的结果

在老家的邻村有个女学霸，因为高考失利而精神崩溃，父母为了给她治疗，花光了家里所有的积蓄，后来我外出读书，就再也没有关注过这个女学霸的情况。我们无法去指责别人，因为我们不是她，我们不清楚她当时面对的压力和绝望。但是在绝境中的我们要相信，无论世界多么地黑暗，总是会有光照进来的。

在很多人的观念里，如果一件事情没有按照预期的方式发展，那将是非常可怕的，是无法被接受的。例如，"我没考上好大学，一切都完了""我30岁了还没有结婚，以后都不会幸福了"。所谓可怕和糟糕，并没有一个固定的标准，有时候是相较而言。但是我们往往会因为一件事情不顺利，就放弃后面的努力，并开始被消极的情绪占据。

在球场上，如果球员一开始表现不佳，而他自己也觉得因为第一个球失利了，一切就都完了，那他肯定不会有好的结果。反之，如果他认为这只是一个球，并不是最糟糕至极的结果，那么他就可以调整情绪而后做得很好。

我们的人生不是一场比赛，但是我们好像每时每刻都在与别人比较，总担心自己会落后于别人。其实落后并不可怕，我们不要因为落后就觉得自己的整个人生都完了。首先可能我们的起点不同，要去的方向也不一样，没有可比性。其次只要我们没有放弃，就有机会活出自己的人生。因为对任何一件事情来说，都会有比之更坏的情况发生，所以没有一件事情可被定义为糟糕至极。但如果一个人坚持这种"糟糕"观时，那么当他遇到他所谓的百分之百糟糕的事时，他就会陷入不良的情绪体验之中而一蹶不振。

在生活和工作中，当遭遇各种失败和挫折时，要想避免情绪失调，就应多检查一下自己的大脑，看是否存在一些"绝对化要求""过分概括化"和"糟糕至极"等不合理想法。如有，就要有意识地用合理观念取而代之。

看到这里，你是不是觉得情绪的ABC理论是一个非常好的情绪治疗的方法，可以治愈你所有的情绪问题，对所有人都有效。如果你这样认为，那么你已经陷入了绝对化和过分概括化的不合理想法。

我们知道每一个理论都是基于一定的假设和前提的。比如，长辈们一直在教导我们，在婚姻中要无条件地支持和信任自己的先生，这句话的假设前提是什么呢？那就是，你的先生是一个用情专一的人，而且他具备一定的判断能力和工作能力。否则，你还无条件地支持和信任他，那岂不是浪费自己的一片真心吗？

以ABC理论为基础的情绪疗法，它的假设前提是："人既可以是理性的、合理的，也可以是不理性的、不合理的。当人们按照理性去思维、去行动时，他们就会很愉快，并富有竞争精神及

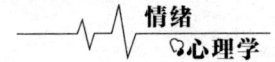

行动有成效。情绪是伴随人们的思维而产生的,情绪上或心理上的困扰是由于不合理、不合逻辑的思维所造成。"埃利斯宣称:"人的情绪不是由某一诱发性事件本身所引起,而是由经历了这一事件的人对这一事件的解释和评价所引起的。"

这样的假设前提也决定了ABC情绪疗法的局限性,当我们在学习一种方法和工具时,必须时刻要记得问自己:这种方法和工具的假设前提和应用场景是什么?ABC情绪疗法也是如此。

ABC情绪疗法的前提是这个人具备一定的认知和思维能力,同时对智力和文化水平较高的人更加适用。如果你还年纪较轻,尚未形成自己的思维认知,那么这种方法在你身上发挥的作用可能比较小。ABC情绪疗法需要人用一生的努力去减少或者克服不合理信念,因此对那些有严重的情绪障碍和严重抑郁的人来说,虽然也有可能被治愈,但是时间周期比较长,必要的时候需要借助心理咨询师的专业指导。从个人成长的角度,我非常鼓励大家自己学习,养成自我觉察和自我修复的能力,但是如果情绪问题已经影响到你的正常生活,还是建议要寻求专业的帮助。对于一般问题而言,ABC情绪疗法还是非常有效的,甚至被称为"最有效的情绪疗法"。

我们在使用ABC情绪疗法的时候,要不断觉察自己的不合理化信念，警惕自己的"绝对化要求""过度概括的评价"和"糟糕至极的想法"。哲学家休姆以推翻因果论而闻名于世。他说："所谓的因果关系，其实只是人们的一种习惯性期待。"比如，一个姑娘对自己的男朋友不算太好，最后男朋友离开了她，人们就会认为"姑娘对自己的男朋友不算太好"和"男朋友离开了她"是因果关系。其实，这只是我们养成的认识习惯，这两者之间根本没有什么因果关系。

这个世界充满了悖论，并不是小心翼翼就可以获得满分。我们的很多不合理信念，经年累月，希望你可以使用ABC情绪疗法找到它们，拆掉思维的墙，打破限制你的樊篱。

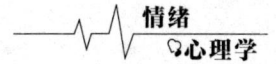

第 3 节

他人非"地狱",找到真实的自己

活在各种人际关系中的我们,在承受他人的期待的同时也在期待他人。在期待和被期待中,我们会有情绪上的波动。别人的期待与自我该如何相处呢?这既不能不屑一顾,也不能全盘接受。

1. 他人是否是"地狱"

每到年底,网络上就会流行一个老段子,主要是未婚男女的自我嘲讽,段子的内容是:你努力工作,坚持健身,每天读一本书,为项目加班熬夜。但是只要你没结婚,回到村里,在父母眼里就是一个嫁不出去或娶不到媳妇的中年人。段子有戏谑的成分，但是的确有很多人，每当春节临近就开始闷闷不乐，面对家里的催婚无计可施。无论自己在大城市如何努力奋斗，只要还没有结婚，春节回到家里，面对父母亲戚的催婚，都会有一些害怕和受挫感。如此看来，好像是他人影响了我们的情绪，他人是"地狱"。

"他人即地狱"最早出现于法国存在主义哲学家萨特的名剧《禁闭》中，从此广为流传。这句话表达了人与人之间不可避免的矛盾冲突。当我们因为别人而心情不好的时候，往往会在心理默念这句"他人是地狱"。这样，错就全在他人了。那么自己是不是他人的"地狱"呢？

萨特后来解释"他人即地狱"其实有两层意思：

一是与他人关系恶化时，"他人即地狱"。比如，你与男朋友相恋八年，一直未能结婚。八年的相处，让你们非常了解彼此的痛点和弱点。在争吵分手的时候，往往会在愤怒之下说出伤害对方的话，做出伤害对方的事情。那么对你而言，在你被伤害的那一刻，"他人即地狱"。

二是一个人的判断太依赖别人时，"他人即地狱"。假如一个人没有自我，没有自我主观意识，处于被外界的支配下，那么"他人即地狱"。假如你穿了一件新买的连衣裙去参加家庭聚会,你的表姐说:"你的裙子实在是太难看了,你的审美品位怎么这么差呢?"如果你没有自我,就很容易因为别人的批评而变得卑微、没有自信,心情瞬间低落到谷底,那么对你而言,"他人即地狱"。反之是不是呢?假如你的写作功底一般,但是你身边的人因为你的公司领导而恭维你,大赞你写得非常好,写得非常棒,你因此扬扬得意,心情大好。如果你没有清醒的主观意识,别人对你的褒赞也是"地狱"。

"他人即地狱",不意味着身边的人都是"地狱",而是当你和别人的观念思维不一致,产生矛盾冲突,难以调和之时,他人对你而言可能是"地狱";但是当你没有自我的时候,那么别人对你而言,也许都是"地狱"。

萨特之所以这样说,是因为他的存在主义思想,强调"自由"的因素。在他看来:人如何存在就应该是人自己选择的结果,即你可以自由选择成为一个科学家,或是成为一个政治家,还是成为一个普通群众。但是在实际生活中,我们往往不能自由选择。萨特认为,是别人阻碍了我们的自由选择,"他人即地狱"。我们在现实中常常身不由己,这个阻碍就是"他人"的目光。"他人"的目光是可怕的,它肆无忌惮地干预我的选择,使我在选择的时候犹豫不决,甚至被迫做出我本不希望的选择。

其实更准确地说，我们的选择是各种综合力量妥协的结果。比如，你想考剑桥大学，但是，第一你的学习成绩不理想，第二没有名望尊贵师长帮你推荐，第三经济基础有限。于是你在各种综合的考虑下选择了国内的一本学校。

我们不应该受外人影响，就把自己封闭起来。比如，因为担心父母询问恋爱情况，干脆节假日不回家，也不给家里打电话；比如，因为担心自己写的报告被领导批评，就一直拖着不写，直到最后一刻才写完发给领导，或者遇到领导的批评心情不好就频繁换工作。

叔本华在《哲学的故事》里写道："一个人如果自身具备足够的内涵，以致根本没有与别人交往的需要，那确实是一大幸事；因为几乎所有的痛苦都来自于与人交往。我们平静的心境，它对我们幸福的重要性仅次于健康，因为它会随时因为与人交往而受到破坏。谁要是在早年就能适应独处，并且喜欢独处，那他就不啻获得了一个金矿。"

叔本华晚年在法兰克福隐居期间，从不与人交往，他唯一的伙伴是一只狗。他还给自己的狗起了一个名字，叫作世界灵魂。每天散步的时候，只有他的狗跟着他。一旦遇见人就会躲开，他说自己是"憎恨人的人"。

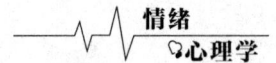

如果是"他人即地狱",那么叔本华断了跟大部分"地狱"的联系,无人知道他在跟孤独相处时是否幸福。

他人是否是地狱,他人是否会影响你的情绪,甚至断送你的人生,是取决于你有没有独立的个体,有没有和世界相处的能力。

2. 找到真正的自己是一种能力

2014年一本叫《无声告白》的书横扫欧美各大榜单,获得亚马逊年度最佳图书第一名。同时有一句话再度开始流行:我们终此一生,就是要摆脱他人的期待,找到真正的自己。

《无声告白》这本书,讲述了一个悲剧的故事。故事主人公是一个小女孩,生活在一个看似和睦美好的家庭里,她是家中最优秀、最懂事的那个孩子。因为担心母亲离家出走,一直讨好母亲,并努力维持在父母心中的好形象。母亲希望她成为一名医生,父亲希望她要多交朋友。于是她一直在小心翼翼地演着这个角色。其实她不想当医生,又因为她的蓝眼睛和黑头发的亚裔血统,让她在学校被歧视,并没有什么朋友。直到有一天,她一个人在湖边自杀了,她的父母才发现,自己这么多年,从未真正关心过自己的孩子。

"我们终此一生,就是要摆脱他人的期待,找到真正的自己。"这句话中有两个关键的短语,一个是"他人的期待",一个是"真正的自己"。

什么是"他人的期待"?很多人将自己的情绪不好,归结于他人的期待。他人的期待包含父母亲人的期待、老师同学的期待、领导同事的期待、以后伴侣和孩子的期待……我们从一出生就带着父母的期待,父母或者希望你光耀门楣,或者希望你聪明健康,或者期待你平安过一生……上学之后,老师期待你学习成绩好,同学期待你友善有趣;工作之后,领导希望你努力工作不计较回报,同事希望你友好协作不抢功劳;结婚之后伴侣和孩子又有不同的期待。

人是各种社会关系的综合,如果没有其中一种或者几种期待,你就失去了和别人的连接,不能正常地生活。我们终此一生,不可能摆脱他人的期待,只能去摆脱不合理的期待。有爱必有期待,有恨必有期待,只要有关系就会有期待。

什么是"真正的自己"?很多人将自己对现状的不满意,归结为不是真正的自己,要努力活出自己。那么什么是"真正的自己"呢?

如果从生物属性上来说,每个人都是一个生物个体。回溯到我们出生的时候，按照希波克拉底"体液学说"，人分为不同的气质：性情急躁、动作迅猛的胆汁质；性情活跃、动作灵敏的多血质；性情沉静、动作迟缓的黏液质；性情脆弱、动作迟钝的抑郁质。后期，我们的发展如何，全依赖于我们对外界的认知和客观环境的变化。我们对外界的认识开始是由我们的抚养者传达的，后来是我们的教育体系，再后来是我们的社会体系……所以什么是"真正的自己"？

所谓"真正的自己"，不过是在见过人生的多种可能性之后，在对社会发展规则和规律有一定的认识之后所做出的综合选择。所以世界上没有真正的自己，只有自己真正想选择的自己和基于现实利益选择的自己。比如，你想成为一个作家，但是你的很多作品都没有得到正反馈，于是你继续从事医生的老本行并取得了很高的社会地位和收入。但是你的内心还是想要成为一个作家，于是你退休之后，继续写作，终于成为一个小有名气的作家。我们不能说作家才是你"真正的自己"，而医生不是。无论是作家还是医生，只是一种职业，每种职业背后有相关的社会价值体系和判断体系。真正的自己不是凭空想出来的，而是基于自己的各种认识的综合判断。

找到真正的自己是一种能力。这需要你具备有一定的判断力和分离的能力。

所谓判断力，就是你对自身能力与外界的认识。怎样过完一生，其实就是你打算以什么样的角色在社会体系中贡献自己的力量和别人作价值交换。判断力就是对自己有什么和自己想要什么，以及对外界的需求有清晰的判断。

所谓分离的能力，就是具备为自己的选择负责任的心理能力。用阿德勒个体心理学来说，即使是父母也要放下孩子的课题。简单地说，就是从事什么工作是孩子的课题，但是很多父母把孩子的课题变成自己的，美其名曰：我是为你好。但是有一点你必须要独立思考，即这种选择带来的结果由谁承担？比如，父母希望你做公务员，但是你却想当一个画家。如果你满足了父母的期待去做公务员，父母开心满意了，他们的课题完成了。但是你接下来要承受对做公务员的反感和没有当画家的遗憾。假如你在跟父母的博弈中取得了胜利，那么你就要为自己的选择做好心理准备。比如，当一个画家可能在前期没有收入或者收入很少；又如，当一个画家可能会作息不规律，需要晚上熬夜作画。无论你怎么选择，你都必须想清楚选择后带来的结果由谁来承担。

无论什么时候，摆脱别人不合理的期待，找到真正的自己，都是一件很难的事情。2018年底，我参加了一个金融论坛，一位企业家说他在40岁的时候才决定未来要做什么，才找到了自己的归宿，找到了真正的自己。他的答案是选择做教育。他发现他投资了很多企业，但只有做教育让他觉得最有价值感，他觉得未来从事自己喜欢的事业，每一天都是晴天。

所谓真正的自己，是我们在和现实的碰撞中一点一点发掘的。我特别担心很多年轻人，将自己的坏情绪、不如意全部归结为没有找到真实的自己，或者是别人的期待阻碍了自己。

事实是，当别人的期待与我们自己内心所向是一样时，那我们应该觉得很幸福，但是这种情况非常稀少，毕竟每个人的立场不一样。当别人的期待与我们内心所想不一样时，你可以说出自己的想法。但是很多时候，我们在与别人相处的关系中处于劣势，比如，我们依靠父母给予的物质生存，我们畏惧领导的压力。所以，当别人对你有了期待，但你内心又无所向时，不妨先说出自己的想法。

《无声告白》中莉迪亚的悲剧不仅是在于她一直在满足别人的期待，还在于她的家庭缺少爱和交流。在这样的家庭环境中，每个人的情绪只能是被压抑。即使没有父母的期待，没有假装，依然冷如冰窟。在这样的家庭中，要想成长为一个情绪健康的孩子，需要做很多的努力。

别人的期待肯定会影响你的情绪,但是并不一定是你的阻碍。我们要试着去分辨这种期待是否是合理的,试着在与外界的触碰和摩擦中找到那个真正的自己。记住,他人不是地狱。希望莉迪亚的悲剧只是在小说中,不要在现实中重演。

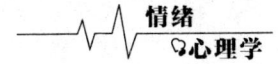

第 4 节

看见自己，走向你的未来

关于未来，是一种神秘而又充满期待的存在。时间如铜壶滴漏般无声无息，我们现在的每一分钟都在不停地变成过去，未来并不遥远。你对现在的自己满意吗？你将以什么样子走向你的未来。也许你对自己当下的状态不满意，也许你很满意。无论怎样，我们都需要看见自己，走向我们的未来。

1. 为什么需要看见自己

通过前面几章节的描述我们可以发现，无论外界环境如何，拥有独立的自我才是最重要的。而拥有自我意识，就要求我们必须看见自己。大哲学家苏格拉底曾说："没有经过反省的人生，是不值得活的人生。"曾子曾说："吾日三省吾身。"老子曾说："其出弥远，其知弥少。"意思是你越关注外界，离自己越远，越没有智慧。有的时候，你在大声谴责网络暴力的时候，可能不经意间已经远离了自己。我们的圣贤无一例外地都有自我反省和自己觉察的意识，我们也需要看见自己，觉察自己。

这里所说的反省和自我觉察，不单单是对事情或者自己行为的反省，而更多的是指对自己的觉察，可以看见自己。觉察就是去观察，不带要求、不带批判地去看自己。

美国组织心理学家Tasha Eurich在《深度洞察力》一书中将自我觉察的核心定义为一种清晰地认识自我的意愿和能力。其包括了解自己是什么样的人，以及别人眼中的我们是怎样的。

自我觉察意味着一个人开始超越自己的心智，是需要站在一个旁观者的角度，来客观认识自己的心智。

2. 不看见的后果是什么？一直被习惯性反应禁锢

我们的生活总是被习惯性驱使。要超越习惯性的反应，只有通过觉察。这样的能力超越了心智，可以使我们不再被习惯反应所驱使，而是能够反省、修正、超越自己。有这样一句话："最伤人的不是遭遇，而是不知不觉形成的习惯。"

在《肖申克的救赎》这部电影中，监狱里最年长的囚犯老布，是受人景仰的老好先生之一，他个子矮小，面容和善，负责监狱里的图书馆，他与一只小鸟做伴，吃饭的时候会将小鸟藏在怀中小心翼翼地喂养。面对释放的机会他不愿离开监狱，甚至去伤害殴打别人。在服刑50年后，老布最终获得假释出狱。而面对外面的新世界，已经习惯监狱里体制化的他，处处无法适应，直至最后绝望自杀。

我们每个人的一生中，都不可避免地会受到外界的伤害。不管你是否愿意，总有一些事情会毫无预料地降临，使我们无法逃避。很多人因此深陷其中，一直深受其害，或者已经习惯了这种被伤害的感觉。我们对于伤痛或者创伤，也会有惯性地眷恋，因为你已经习惯了和伤痛相处的模式。即使你主观意愿上是希望改变的，但如果真的发生了改变，我们会感到害怕，因为对我们而言，这是要去适应一个新的模式。因为处于受害者的位置，会让我们把对自己的责任全部推给对方，而心安理得地带着一种悲悯的优越感活着。但真正持续伤害我们的是我们在一种被伤害的情境中逐渐形成的受害者的心理状态。事件本身只会影响我们一段时间，而形成的习惯或思维却会影响我们一辈子。

看见自己是自己不断提升的前提。如果你不能看到自己的问题，不能看到自己和社会相对真实的样子，也就不能觉察自己的问题。那么就会在现有的认知和问题上不断徘徊，难以实现自我超越。

3. 懂得看见自己，是通向幸福的最短路径

从我们出生开始，就扮演着不同的角色，处理各种不同的关系，比如，我们和父母的关系，和老师同学的关系，和老板同事的关系，和爱人孩子的关系。我们常常因为各种关系而焦头烂额，而各种关系的基础是我们与自己的关系，我们与自己的关系是获得人际相处舒适度的根源。我们只有真正了解自己后，在面对问题时才能有更加准确的判断。那些成长最快的人，可能不是最幸运的人，但一定是善于抓住每一次机会去自我觉察、自我挖掘的人。

看见自己，包括看到自己的阳光积极，也包括看到自己的消极失落。看见自己常用的方法有以下两种。

（1）借消极的情绪来觉察自己

每到节假日，我们都会互相祝福，如万事如意、诸事顺利等，表明了人们美好的愿望。从哲学和唯物辩证法的角度来看，事实是不可能真的万事如意。当我们产生不良情绪的时候，正是我们觉察自己的好时机。借着消极的情绪，我们对自己，对人性的规律，对社会的规律能有更深刻的了解。

在内心做出明确选择之前，我们经常会用两种方式面对消极情绪：第一种，试图用繁忙的工作、娱乐、学习去逃避发生的一切，相信时间可以改变一切；第二种，急着改变现状。比如，一个人失恋了，回到了单身状态，为了改变现状，就立刻开始一段新的感情，这显然是对新感情的不负责任。这两种面对消极情绪的方式并不是理想的，这样的方式可能给我们带来更大的隐患。

我们应该借着消极情绪来反思自己。比如，对于失望这种情绪，你和男友已经交往三年了，也到了谈婚论嫁的年纪，你本来期待今年的情人节他会向你求婚，因为此前你已经暗示过他多次。但是情人节那天男朋友什么也没做，只是和你简单地吃了一顿饭，送给你一盒巧克力。你感觉很失望。借着失望来反思，可能你对你们之间关系的阶段判断不准确，可能你男朋友的领悟能力没有那么强，并没有明白你的意思，也可能只是你自己觉得"他很爱你，会娶你"是你自己的臆想。

仁波切曾说："失望是一个智慧发生的时刻，因为失望只会发生在我们和真相相遇的时刻。"一位资深心理咨询师说："一个人产生失望的过程，就是他不断认识这个世界的真相的过程。而人生很大一部分的痛苦，都是来自于拒绝接受失望。失望是我偏爱的情绪。因为此时你不但刺破了幻象，同时也有通往宁静的道路向你敞开。"

我们要学会接受失望。比如，愤怒这种情绪，有一天你加完班已经深夜11点了，你非常疲惫，回到家里，发现先生在打游戏，但碗筷却没有洗，厨房一片狼藉。这个时候，你很愤怒，可能会冲先生大喊大叫。杜克尔说："愤怒是公开而短促的憎恨；憎恨是压抑着的、持续着的愤怒。"你在憎恨什么？是憎恨公司的加班文化，发泄自己的不满？还是憎恨自己的先生贪玩不做家务？又或是憎恨自己没有眼光，在婚姻大事上做了错误的选择？

（2）以旁观者的身份来观察和谈论自己

如果我们能够做到以旁观者的身份来观察和谈论自己，我们就不再被自己的习性所控制。当我们的注意力发展成为一个独立观察员时，就能站在一个更加客观的位置上认识自己、自我改进，也就是所谓的上帝视角，站在一个更客观的位置来观察自己。

中考那年，我的压力非常大，考试前三个月，寝食难安。有一次，因为模拟考试考得不太理想，我哭得双眼红肿，又因为着急上火而口腔大片溃疡，连喝水都成了一件非常痛苦的事情。有一天，我突然顿悟了，那天午饭后我站在三层的教学楼上往下看，看到了很多跟我相似的背影，就像是看到了自己。突然，我站在一个客观的角度来看待我自己，我在心理默默用第三人称来描述自己："她这样给自己施加压力，本身对考试而言无益，而且因为焦虑，已经开始影响她的正常作息。如果说这样有什么好处，那就是一旦考试发挥失常，那么责任就在于自己状态不好，而不是自己不努力，而不是自己没有资格。"描述到这里的时候，我突然知道接下来该怎么做了。从那天顿悟之后，我惊奇地发现自己学会了用上帝的视角来看待自己，改变了叙事的方式，帮助我提升对自我的了解。

美国组织心理学家Tasha发现，自我觉察能力强的人，在讲述生命中的重大事件时会采用更复杂的叙事方式——他们更愿意从不同的观点来描述这些事情，其中包括对事件的不同的、多样的解释。他们在讲述一段故事时，往往不会只给出一个层面的"发生了什么"，而是会进一步讲述在更深层的心理层面上发生了什么，或者从不同人的立场上来说发生了什么。

无论是用何种方式看见自己，我们终将会把自己照亮。时间是最好的滤镜，它帮我们看清来时路，也看清要去的方向。时间会一点点把我们打磨成想要成为的那个人，而前提是我们从未放弃过这种努力。希望我们每一个人都可以看见自己，走向你的未来。

第 5 节

自我接纳，走出孤单的城堡

有位老师曾经说学习心理学有三个阶段：第一个阶段是"我好像有病"；第二个阶段是"他好像有病"；第三个阶段是"大家都有病"。

这是因为学习心理学之初，你会看到各种各样的心理问题，而且感觉自己也有问题；学了一段时间之后，你对自己的关注度慢慢降低，转而开始用学到的内容去观察身边的人，结果发现身边的人都或多或少有一些需要处理的问题；等知识学得差不多时，你发现大家都存在各种各样需要处理的问题。

其实，我们都一样，没有完美的人生，而问题也不可能全部被解决。即使解决了眼前的问题，还会有新的问题不断出现。所

以，学会接纳自己，与情绪和平相处。

自我接纳是什么？当我们对自己及其一切特征采取一种积极的态度时，就是自我接纳。简言之，就是能欣然接受现实自我的一种态度。自我接纳是自信的基础，也是自我觉察的基础。很多人不愿意看到自己，总是情绪失控，这是因为不愿意接纳真实的自己，总是去否认或者掩饰不完美的自己。一个一生都在逃亡的人，是不能得到真正的平静和喜悦的。

如果想要接触自我的真相，拥有良好的情绪，那首先就要自我接纳。那个真实的、不够好的自己，你愿意看到吗？评价自己，或者评价别人都是非常容易的，但是对自己诚实、接纳自己，并不是一件人人都能做到的事。我们有时候会非常无私地付出，有时候会非常自私地算计别人，有时候也会非常狭隘。这些美好的和丑陋的组成了真实的你。不管我们喜不喜欢，能不能接受，我们都要勇敢地接受它的存在。

自我接纳包含三个方面：物质实体、精神世界和人际关系。

物质实体指我们的容貌、身高、身体状况，等等。如果你问自己一个问题，你对自己的外貌满意吗？我想大部分人都不能肯定地回答这个问题。记得前几年，美颜相机刚刚出现的时候，我觉得这个相机很浪费时间，因为拍完照还要修图很麻烦，估计火不了几天。事实恰恰相反，美颜相机不仅有了众多用户，甚至还出现了其他类似的美颜相机来竞争。现在微信朋友圈里都是各种美女，这充分说明了大家对美貌的重视，对自我形象的重视。

精神世界包括我们的思考、认知，以及价值观。在不违背法律和道德的前提下，我们要去接纳自己的精神世界，同时也要尝试去接纳与自己相反的价值观。

我们总有讨厌的人和讨厌的事情，我们不愿意接受与自己价值观不一样的东西，毕竟价值观是人背后的操作系统，人的每个动作都受到价值观的影响。如果我们接受了与自己相反的价值观，这对我们自身操作系统的要求会变得更高。

生活中总有很多事情是必须要去面对的。比如，你和公公婆婆价值观不一致，你觉得孩子应该富养，你辛辛苦苦奋斗这么多年，难道不是为了给孩子一个更好的未来吗？但是公公婆婆还想持续弘扬小时候艰苦奋斗的精神，觉得孩子还是应该苦养。这种情况我们该如何处理，是要带着讨厌的情绪和公公婆婆相处吗？长此以往，肯定会带来很大的矛盾冲突。在工作上，我们也经常会遇到价值观不一样的项目合作伙伴，比如，你觉得应该节省成本，保证质量，提高利润。但是你的合作伙伴可能觉得节约成本

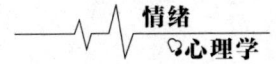

不是最主要考虑的，而应该加快项目进度，提高利润。

我们往往喜欢与自己一样的人，讨厌与自己不一样的人，我们讨厌某个人，其实也是自我内心价值观的折射。一个成熟的社会人，需要站在客观的角度去分析问题，站在对方的立场去考虑问题，最终努力做到与每个人和谐相处，最起码要找到避免冲突的方法。懂得去接纳别人，也是在接纳自己。

接纳人际关系，包括我们在与世界互动中发生的事情和产生的关系，接纳发生在自己身上的事情。但是，通常情况下，当我们面对不理想之事的第一反应是否认：这不是真的，这件事情为什么会发生在我的身上。

但自我接纳也存在很多误区。自我接纳不是无视缺点，比如，你喜欢玩游戏，乃至耽误正常的工作，如果打着自我接纳的口号心安理得，那么这并不是自我接纳的本意。人性中本就有善有恶，对于人性中好逸恶劳的一面，我们可以理解，但是也必须要做一些改变。自我接纳不是逃避现实，如果自己的男朋友是一个用情不专的人，你还说服自己去接纳他，那么这就是再次伤害自己，是对自己的不负责任。

在我们的一生中，无法做到每一步都走得对，每一个选择都不后悔。我们也会有脆弱、有无助，有想要放弃，想要颓废的时候,但是请相信,每一个能够好好过完一生的人或多或少都会经历这些。我们要学会接纳自己,不能在自己的世界里顾影自怜。

自我修复,在"人艰不拆"的现实中保持元气满满

第 6 章

越长大,越孤单,对我们来说似乎是一个共识。生活不易是否是常态,你或许有自己的看法。虽然每个人都会有情绪的低谷,有人生的至暗时刻,但是未来依然可期。有时候,我们需要学会给自己鼓掌,从一些小小的改变开始,开启情绪饱满的人生。

第 1 节

生活不易，可以不是一种常态

电影《这个杀手不太冷》中的经典台词，广为流传：

小女孩儿Matilda说："人生总是这么痛苦吗？还是只有小时候是这样？"

杀手Leon说："总是如此。"

凡是可以流传的东西，都表达了大部分人的认同。从客观的角度来看，生活不易是一种常态。

我们每个人从出生开始，就带着对这个社会的欲求。我们的身体每天都有欲求，我们需要食物，需要水，需要睡眠来维持身体的健康。我们的精神同样每天都有欲求，我们希望得到他人的关心和关注。心理学家马斯洛把需求分为生理需求、安全需求、

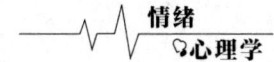

社交需求(情感和归属感)、尊重需求、自我实现需求这五种需求。大部分人的一生都是为了满足这些需求。

第一层次:生理上的需要。孩子从呱呱坠地就开始有基本的生理需求,需要水、食物、睡眠、生理平衡、分泌,等等。如果这些需要其中任何一项得不到满足,孩子就会面临生存的危机。

古代民间有句俗语:"嫁汉嫁汉,穿衣吃饭。"封建时代女人的社会地位比较低,因为体力较弱,独立生存的能力较差,只能通过依附男人来生活。诸如"嫁鸡随鸡,嫁狗随狗",女人一旦出嫁后,无论发生什么情况都要跟随先生,恪守妇道。在生产力比较弱的封建社会,生理上的需要是大部分底层贫民的主要需求。

第二层次:安全上的需要。我们每个人都需要人身安全、健康保障、资源所有性、财产所有性、道德保障、工作职位保障、家庭安全。如果这些没有得到满足,那么人的生命会因此受到威胁。比如,这些年的三聚氰胺奶粉事件和长春生物疫苗事件,全国上下的反应都非常激烈,都在强烈谴责这些事情,希望未来可以杜绝发生。因为这些直接威胁着人对安全需要的满足。

第三层次:社交上的需要(情感和归属感的需要)。比如,友情、爱情、亲情、性亲密,等等。现代人大部分的苦恼来都源于情感和归属感的需要。随着社会生产力的巨大进步，国家的各项制度也越来越完善，大部分人已经满足了第一个阶段和第二个阶段的需要。如何拥有情感和归属感，就变成了大家普遍关注的问题。

第四层次：尊重的需要。自我尊重、信心、成就、对他人尊重、被他人尊重。人人都希望自己有稳定的社会地位，希望个人的能力和成就得到社会的承认。马斯洛认为，尊重需要得到满足，能使人对自己充满信心，对社会满腔热情，体验到自己活着的价值。比如，古语有言："君子不食嗟来之食。"就是希望得到他人的尊重，绝不低三下四地接受别人的施舍，哪怕是让自己饿死。

第五层次：自我实现的需要。自我实现的需要是最高层次的需要，可以实现自己的理想和抱负，最大限度地发挥自己的能力。达到这一境界的人，接受自己也接受他人，解决问题的能力强，自觉性高，善于独立处事，具备高质量独处的能力。

乔布斯曾说："工作最大的回报是工作本身而不是其他。"自我实现的需要是在努力实现自己的潜力，使自己越来越成为自己所期望的人物。

《管子·牧民》中说："仓廪实而知礼节，衣食足而知荣

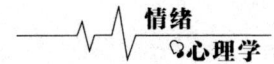

辱。"意思是当老百姓的粮仓充足,丰衣足食,才能顾及到礼仪,重视荣誉和耻辱感。假如一个人同时缺乏食物、安全、爱和尊重,那么,他对食物的需求则是最强烈的,其他需求在此时则显得不那么重要。因为,此时人的意识几乎全被饥饿占据,所有能量都被用来获取食物。在这种极端情况下,人生的全部意义就是活着,其他什么都不重要。只有当人从生理需要的控制下解放出来时,才可能出现更高级的、社会化程度更高的需要,如情感和归属感的需要。

每个人都要满足自己的需求,而在特定的历史阶段,我们的社会资源和自然资源是有限的,我们的注意力也是有限的,因此不可避免地会出现资源的争夺。朋友的父亲今年60多岁了,这位老人有兄妹10人,在当年物质贫乏的时代,父母很难同时关爱到10个孩子,父母更关注的是如何让孩子们活下来。

在各种制约条件的限制下,人生实为不易。于是有的宗教说:"一切皆苦,众生皆苦。"

在现代社会,生活不易可以不是常态。在目前开放包容的社会背景下,我们遇到了前所未有的好时代,每个人都可以去追求自己的幸福,追求自己想要的生活。

现在社会的物质文明和精神文明得到了极大的丰富,所以大部分地区都不再面临吃饭的问题；互联网的普及又进一步让这个世界趋于扁平化；教育资源和图书资源的普及，让更多的人可以去追求自己的梦想。

在物质方面，我们可以有很多的方法来提升。随着市场经济的活跃，工作种类的增多，每个人拥有很多选择的机会，只要你愿意努力，一定可以改变自己的命运。

在精神方面，各种精神食粮也十分丰富，无论是读书还是课程，获取的成本都不是很高。你希望自己成为一个内心充盈、情绪饱满的人，还是一个内心贫乏、情绪暗淡的人，这是你完全可以选择的。

生活固然有很多不易，但是我们是人，人和动物最大的区别是人具有主观能动性。一只小狗的命运主要取决于它的主人，如果主人是爱狗之人，那么这只小狗可以过着天堂般的生活；如果主人不是个爱狗之人，那么这只小狗的命运就会非常悲惨，有可能在正值壮年就成了餐盘之物。如果你觉得人生不易，又掣肘重重，从而带着消极的情绪生活，那么你就是把自己的命运交给了别人，跟这只小狗的区别有多大呢？

作家严歌苓曾说："一个始终不被人善待的人，最能识得善良，也最能珍视善良。"同样的道理，一个没有被生活善待的人,最能懂得努力的意义,也最能真实地生活。

我们一生会面临很多选择,最重要的选择是我们对待人生的态度。感叹生活的不易,我们可以找到十万个理由;感叹生活的幸福和美好,我们也可以找到十万个理由。如果你觉得人生艰难,从而怨天尤人,像浮萍一样随着人生的潮水起伏,不去约束自己的欲望,无限放大人性的堕落,那么幸福只会离你越来越远,你也不可能和自己的情绪友好相处。如果你觉得人生并没有那么艰难,你对未来充满希望,你借着每一个你可以抓住的机会让自己变得更好,让自己更加接近自己的梦想,那么幸福就会一直陪伴着你。

面临选择的时候,我们一般不会选择正确的,而是选择容易的。选择抱怨,选择堕落是比较容易的,只要顺着往下滑就可以。若选择了自己的方向和目标,则意味着坚持、毅力、自我否定和不断学习,等等。

生活不易,但可以不是一种常态。而最好的状态是,我们会在人生的某些时刻觉得人生不易,进而更加努力,但是更多的时候,我们更应该体察到生活的芬芳与美好,珍惜这仅有一次的生命。

第 2 节

面对"至暗时刻",不要觉得未来无望

每个人都有情绪的"至暗时刻"。这个世界对人是如此地平等,无论你的职业还是学识,无论你的民族还是肤色,无论是古代还是现代,当一切平安顺利时,保持良好的情绪状态,处理好各种关系,大部分人都可以做到,但是处于人生低谷时,才是真正考验一个人情绪的时候。在低谷的时候,往往时间破碎,价值观坍塌,觉得人生就是一场噩梦,没有尽头。

王阳明人生的"至暗时刻"是34岁那年,因为反对宦官刘瑾被廷杖四十,谪贬至贵州龙场。在明朝的时候,贵州龙场还是一片热带树林,瘴气弥漫,野兽出没,而且当地居民是少数民族,语言也不通。王阳明带去的仆人,都纷纷逃离,只有一个忠实的

老仆人还跟随他。一天半夜,一只黑熊闯入他们居住的茅草屋,咬烂了仆人的半张脸。奴仆二人奋力斗争才保住了性命。即使这样,第二天王阳明照样早起去勘察附近的环境,回来之后跟老仆人说要开辟耕种。在龙场这既偏僻又艰难的环境里,王阳明结合历年来的遭遇,日夜反省。一天夜里,他忽然顿悟,认为心是感应万事万物的根本,由此提出"心即理"的命题,认识到"圣人之道,吾性自足,向之求理于事物者误也"。这就是著名的"龙场悟道"。在王阳明之前,被贬往贵州的官员,大部分都死在了当地,唯有王阳明,不但活了下来,还在悲伤失意的情绪中悟出了心学。

我们遇到人生的低谷之时,该怎么应对呢?其实在总的原则上,我们要在心力、脑力、体力方面来努力。

首先是心力。在情绪低谷时,我们可能会哭泣,有时候可能是没有任何情绪的麻木和痛苦。这时我们首先要有心力,所谓心力是就是相信自己一定可以跨过这个坎儿。我们一定要从心理上相信,我一定会好的,我肯定会挺过去的,我只是现在需要一个调整的阶段。我们的征途是星辰大海,暂时遇到的暗礁和风浪一定会过去的。

其次是脑力。脑力可以理解为理性地思考或者客观地思考。

当我们沉浸在消极的情绪中，被消极情绪包围时，就需要一些客观的思考才能走出来。在保证心力和体力的情况下，让自己尽快恢复理性思考。

最后是体力。很多人心情不好时饮食会出现问题，要么暴饮暴食或者一口饭不吃。比如晴雯，被误解赶出大观园之后，就毫无食欲，郁结于心，一病不起，直到油尽灯枯，走到了生命的尽头。再如，有的男生郁闷的时候喜欢酗酒，因为心情不好酗酒非常伤害身体。为了度过情绪的低谷，我们一定要保证自己的体力，尽量让自己按时吃饭，可以吃自己爱吃的，但是不能伤害自己的身体。我们的思想，我们的目标都需要以身体为载体才能实现。不然即使有再多的才华，如果身体提前罢工了，那么无论多少积累都付诸东流了。

在情绪低谷的时候，有一个非常重要的前提就是对自己的自制力有一定的估计，避免自残或者做其他伤害自己和他人的事情。如果你觉得自己的自制力比较弱，无法控制自己的情绪，那么一定要去寻求别人的帮助，也可以去寻求家人、朋友和专业心理咨询师的帮助。我们允许自己脆弱，也允许自己需要别人的帮助。

如果你觉得自己自制力尚可，或者对自己的情绪低谷有信心

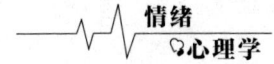

自己能度过,那么就可以尝试下面的方法。

第一,尝试去接受事实。我们的痛苦来源于对现实的无法接纳和抗拒。我们小学课本中的经典人物范进,因为连续考了十几次都没有考中,亲人的奚落,自己内心的挫败感,乃至到最后考中的时候,自己都无法去接受这个事实,居然疯了。范进的这种喜极至哀,就是无法接纳现实的表现。对于我们大部分人来说,无法接纳的往往是不理想的现实,再如,临近结婚发现男朋友还和前女友藕断丝连;比如,生命中重要亲朋好友疾病离世。对于这些痛苦,我们的第一反应都是无法接纳。为什么呢?怎么会这样?可是有时候事实就是这样,无论你是否接受,它就客观地摆在那里,不会因为你的主观意志有任何变化。

第二,不要急于分对错。遇到不愿意去面对的事情,我们都会问为什么?当你内心在问为什么的时候,就是你在探寻事情的原因。有些人习惯外部归因,把原因都归结给外部,有些人习惯内部归因,把原因都归结给自己。比如,关于男朋友劈腿分手这件事情,外部归因的人,往往会把原因全部推给对方,我之所以这么痛苦,都是因为他的错,是他害我失去了幸福,变得这么痛苦,都是他的错。这样的想法你是不是看着有些熟悉?是的,那些疯狂报复社会的人,如果不是精神有问题,就是属于外部归因的人，把自己所有的不快乐归因给外界。而后自己的情绪会从痛苦转化为愤怒，愤怒会转化成憎恨，憎恨付诸行动就是伤害他人，伤害社会。

内部归因的人习惯把所有责任都归结为自己，比如，祥林嫂不愿意承认自己的儿子阿宝已经被狼叼走了的事实，把所有原因全部归结到自己失职。这样的内部归因会让自己变得更痛苦，会自己伤害自己，比如自杀、自残的人，他们大部分是属于内部归因的人。习惯于内部归因的人，大部分是比较善良的人，他连怪罪别人的勇气都没有，所以只好用刀砍到自己身上，让人觉得很心疼。

当我们处于情绪低谷时，不要着急去分清楚对错，不要着急去做归因。有时候大家都没错，只是客观事实如此，只是你不了解，或者你已经了解了，但是你一直在欺骗自己，等到不得不面对的时候，所有的痛苦才一起迸发出来。也有可能是我们自己或者对方错了，有些错误是成长的代价。我们的一生都在试着去更好地爱别人，更好地向外界释放善意的信号。

第三，给自己定一个小目标，利用期限效果。在非常痛苦的时候，我们可以给自己确定一个时限。比如，我可以痛苦三天，这三天，我可以向公司请假，在自己的房间里痛哭，我可以不洗脸、不刷牙、不起床，可以蓬头垢面。但是三天之后，我要尝试着走出家门去吃饭，或者我要尝试着去上班。等你给了自己时间期限之后，你的心理就会产生微妙的变化，对你而言，这种消极情绪有了尽头。时间期限是自己和自己的约定，是自己和自己的一次对话。当你在期限内感受消极情绪的时候，由于没有急于摆脱消极情绪，所以可能会在品尝它的时候有所顿悟。

第四，写出让你困扰的事物。情绪低落的时候，我们如实记录好自己的所思所想，比如，你写下：我心情很不好，我被人抛弃了，我觉得自己一文不值……你可能在悲观绝望的时候一直是这样想的，但是你没有意识到，有些想法一旦写下来，你就会从一个客观的角度来看它，有时候你会很惊讶地发现，自己居然会有这样的想法。当你有这种惊讶的发现时，你的自我就在一点一点地恢复了。

美国得克萨斯大学心理系教授James Pennebaker研究发现：写作对缓解心理压力、维持心理健康大有益处。Pennebaker教授说，很多人认为绝口不提一些痛苦的过往，慢慢就会忘却。其实这种想法是错误的，因为记忆不会因为你的逃避而消失，而是会一直伴随你的生活。

第五，如果你有力气走出家门，你也可以通过转移注意力的方式走出情绪低谷。比如，出去旅游散心，或者听音乐、看电影、收拾房间。当你的注意力转移时，你的痛苦就会缓解。但是你必须明白，你只是转移了注意力，消极情绪依然还存在，可能在夜晚，你独自一人的时候，这种情绪又把你包围了，于是你可能会突然哭起来，这都是非常正常的事情。因为情绪会反复，直到时间将一切抚平为止。

第六，利用情绪觉察。关于情绪觉察，前面的章节有详细的介绍，在这里不做赘述。

无论你看多少正能量的书籍，学习多少情绪处理的技巧。人生"至暗时刻"来临的时候，情绪的低谷还是会到来。你要相信，与情绪和平相处是一种能力，不是一招一式，不是一劳永逸，是一生的自我觉察和自我重塑，是在不断地螺旋式上升。

面对"至暗时刻"，不要觉得人生无望，走过这一段，一切都是最好的安排。

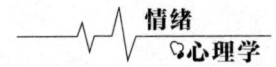

第 3 节

以终为始，朝着自己的目标过好当下

前几年很流行一个问题：如果你的一生只剩下最后三天，你会做什么？

网友纷纷晒出自己的回答，很多人的答案都包含这一项：回家陪父母，跟家人一起好好吃饭。如果你的一生只剩下三天，你还会像现在一样焦虑、伤心吗？答案是不会。因为那个时候，你人生的终点就在三天之后，你只要考虑好如何过好最后这三天就可以了。

你人生的终点会在哪里？你的人生要走到哪里去？我们有时候会孤独难过，会陷入深深的负面情绪中不能自拔，其中很重要的原因是我们不知道如何去面对眼前的一切，不知道该如何走下去。在我们的一生中，总有那么一个时刻，心情仿佛跌落在一个漆黑的深渊，越是挣扎越是无法看到曙光，哪怕是一点光亮。不要凝视深渊，因为你可能会被深渊吞噬；不要揣测恶意，因为你可能会被恶意吓坏；不要去挑战人性的恶，因为你可能也会变得一样。

美国著名作家、神话研究领域的顶级学者约瑟夫·坎贝尔著有一本畅销书叫《英雄之旅》。这本书成书于1948年，直至今日影响力依然巨大。作者通过对全世界各种神话传说和现代心理学的研究，提出了一个叫作"单一神话"的观点。他认为，古往今来的英雄在不同的民族和时代有着不同的面孔。这个英雄可以是耶稣、佛陀、普罗米修斯，也可以是每个希望在人生旅途中接受考验的独立个体，而英雄的成长都遵循着同样的模式，作者把这个过程叫作英雄之旅。

我们很多人终究是一个平凡人。我有个女生朋友，一直非常努力，希望自己可以成为像董明珠女士那样的企业家。去年在家人撮合下，她和相亲认识一年的男朋友结婚了。她婚后跟我们小聚，她最多的感慨是大学毕业努力了十几年，她终于肯承认自己是一个普通人，自己没有天赋，也不愿意去承受那么多的压力和孤独。

其实,我们每个人都是在与现实的碰撞中才慢慢清楚自己想要的到底是什么,自己想去哪里。我们可能无法成为力挽狂澜、一呼百应的大英雄、大企业家,但是我们过好自己的一生,也是英雄之旅。

按照瑟夫·坎贝尔的说法,英雄之旅需要经历三个阶段,包括启程、启蒙和回归。

我们在启程的时候,都怀着对未来无限的憧憬,怀着"世界尽在我掌握"的雄心。在生活中遇到挫折之后,我们开始启蒙,在生活中历练出智慧和勇气。当我们的现状和目标对比之后,就开始回归到我们最终的归宿,选择什么样的人生目标,选择什么样的方式过一生。

但丁在《神曲》开篇的时候说:"人生旅途过半,我发现自己正在黑森林里,我走丢了。"其实,我们每一个人都在用不同的方式,在人生的黑森林中寻找着自我。我们要以终为始,朝着自己的目标去过好每一个当下。在可能遇到的所有冒险世界中获得指引,追随着自己的直觉,顺利地发现自我。

史蒂芬·柯维在《高效人士的七个习惯》中提到的第二个习惯是"以终为始"。以终为始,就是先想清楚目标,然后以目标为指导,去实现它。当你明白人生的最终期许,从那一刻开始,你的一举一动，一切价值标准，都应该以人生的最终愿景为依归。之所以强调以终为始，是因为人生的岔路很多，我们经常在这其中迷失，不知所终。

我有一个朋友，她失恋之后伤心欲绝，连续好几天不吃不喝。我去看她，我问她："你还记得你的目标是什么吗？"

她说："我的目标是做一个幸福的人。"

我问她："怎么才能让你感觉到幸福？"

她说："拥有一份喜欢的工作和幸福的小家庭。"

我继续问她："喜欢的工作你已经有了，怎么才能拥有幸福的小家庭？"

她说："要找到灵魂伴侣，找到对的人结婚。"

我继续问她："对的人就是他吗？或者说除了他就没有别的人了吗？"

她低头沉默了。

我说："你要找对的人结婚，并不是一定要找他结婚。哪怕你再觉得他就是那个对的人，但是他已经决定结束这段关系了。他觉得你不是那个对的人。你不能强迫他的意志来完成你自己的心愿。如果你一直站在原地悲伤，那么你可能会错过那个在前方等你的那个对的人。"

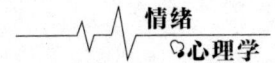

在我们年轻的时候,可能会信誓旦旦地跟对方说,我非你不嫁。长大之后,很少有人敢这么笃定。因为我们对爱情的不确定性有了更多的了解,对事物之间的复杂性有了更深入的体会。

在追求婚姻幸福的这条路上,无论受到了多少伤害,希望你可以记得你的目标是什么。你的目标是幸福,而如果对方已经离开,已经不能再给你幸福了,那么也请你转身离开,不要回头。一段感情的开始,需要两个人同意。但一段感情的结束,只需要一个人决定就可以了。

柴静在《看见》一书中,描述个人的成长轨迹也是这样的,"不断犯错、不断推翻、不断疑问、不断重建"。她怀揣着各种困惑,倔强地坚持和成长,让读者深受感动。这部《看见》就是她的"英雄之旅"。

那么你的英雄之旅是什么呢?为了不至于在情绪中迷失,我们必须明白自己的人生目标,以终为始。盖棺论定时,你希望获得的评价,才是你心目中真正渴望的目标。

在哈佛大学关于人生意义的课堂上,老师会让每个同学写下自己的墓志铭,假设你若干年之后去世了,你希望如何描述你的一生。也许这是三五十年或者更久之后的事,但姑且假定这时亲族代表、友人、同事,或者社会伙伴,即将追述你的生平。请认真地想一想,你希望听到什么样的评语?你这一生有任何成就、贡献或者值得怀念的事吗?你是个称职的先生、妻子、父母、子女或亲友吗?你是孩子学习的榜样吗?你留下了什么,你又带走了什么?

如下是我一个好友提前写的墓志铭,供大家参考(已经征求本人同意)。

×××,离开于2067年春天,逝世于亲爱的先生怀中。

某某是21世纪中国知名作家,以深刻细腻的文笔写出了很多知名作品。同时,她也是知名的人力资源管理专家,熟悉商业规则和企业运营,帮助知名企业实现战略转型。×××最引以为傲的是自己拥有的幸福家庭,有一儿一女。

短短几十字的墓志铭,写出了她今生要为之奋斗的事情,从此她不再迷茫,即使遇到挫折和苦难,也依然乐在其中。

每个人的英雄之旅,只为了回归。无论你这一生拥有多少掌声和鲜花,最终还是要回归内心的平静,接受内心的拷问。

确立人生目标,以终为始,过好当下。欲戴王冠,必承其

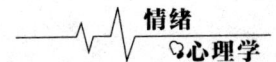

重，当我们明白自己要去的方向，我们就不会为了无所谓的事情难过伤心，专注是治愈的良药。对于一艘没有航向的船来说，无论哪个方向的风都是逆风。

第 4 节

给自己鼓掌，不要失去肯定自己的能力

网络上有一个段子，问："如果你是男人你会娶你自己吗？"回答："想都不敢想，谁能够有这样的福气。"很多人看完之后不禁莞尔。

十年前，我有一个男性朋友。他身高一米八，外表斯文帅气，白白净净的脸上，戴着一副黑框眼镜。名校毕业，知名国际公司工作。每次有人夸他不仅优秀而且帅气时，他总是急着否定。后来我才知道，他的父母为了防止孩子骄傲或者因为自己的一些偏见，从来不曾肯定过孩子，所以在孩子幼小的心里也认同了这些缺点，对自己的优点反而视而不见……

去年，表妹因为职业规划问题寻求我的建议。我先问她沿着

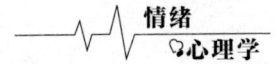

你现在的职业路径,你的优势和不足分别是什么。

表妹张口就开始了自我否定:"我学历不够好,不够聪明,也不擅长人际关系,嘴也比较笨……"听表妹说完,我终于理解她一直单身的原因了。一个缺乏自信的姑娘,会吸引男孩子吗?

在谈话结束之后,我给表妹留了一项作业,让她写出自己的50个优点和缺点。很快缺点就写完了,而优点却想不出来。我说如果你写不出来,可以去问问你身边的朋友。一个星期之后,我收到了表妹的邮件。接下来,我让表妹把自己的优点分一下类,哪些是之前意识到的,哪些是之前没有意识到的,为什么没意识到。哪些是你真正发自内心认可的,为什么认可?哪些是你不认可的,为什么不认可?

当表妹写完发现自己有这么多优点的时候,她居然哭了。因为她从来不曾发现自己居然还有这么多的优点。

每个人的出生都带着一定的烙印,这个烙印可能是传承了父母的思维局限或者是父母的优秀卓越;每个人的出生都带着一定的使命,这个使命可能是父母爱情的结晶,有可能是父母维系关系的纽带;每个人的出生都带着一定的希望,我们希望被社会接纳和认可,当我们面对这个寒冷的世界,发出第一声啼哭的时候,就开始了自己的人生道路。小时候,我们的世界就是父母和家庭。长大之后，我们的世界变得更大。世界很美好，但有时候也很无奈，当你的世界不曾给过你那么多肯定的时候，你要学会肯定你自己。哪怕是自己在心里默默说一句："我很棒，我一定会加油的。"

给自己鼓掌，我们不要失去了肯定自己的能力。你准备好给自己鼓掌了吗？

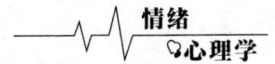

第 5 节

修复自己,从小小的行动开始

美国心理学家塞利格曼在研究动物时做了一项经典的实验。开始,他把狗关在笼子里,只要蜂音器一响,就给以难受的电击,狗关在笼子里无法逃脱,只好痛苦地感受电击。多次实验后,蜂音器一响,在给电击前,先把笼门打开,此时狗不但不逃而是不等电击出现就先倒在地开始呻吟和颤抖,本来可以主动地逃避却绝望地等待痛苦的来临。塞利格曼把这种现象叫作"习得性无助"。

我们面对消极情绪的时候,经常也会遭遇"习得性无助"。当我们觉得"将来的结果不可控",自己对外部事件无能为力,或者感到无所适从,而自己的反应无效,前景无望,即使努力也不可能取得成果时,我们就会一直在消极的情绪里沉沦。在这种情况下,我们会感觉一切完全失控了,应对的方法是在这其中找到可以掌控的部分修复自己。

我有个朋友失恋之后,情绪一直很低落,一个月瘦了20斤。我了解到她经常失眠,不按时吃饭,甚至还学会了吸烟。有一次聚餐时,看着她手指间娴熟地夹着一根烟,我劝告她:"这样下去你的身体会垮掉的。"她说自己尝试过,但是就是不能恢复到正常的状态。

我建议她先从身边的小事情开始做起,比如坚持按时吃饭。我和她达成约定,坚持每天吃两顿饭,无论当天是否完成都要发个信息给我,如果有什么感想也可以写下来发给我。自从那天之后,我每天都可以收到她的信息。

开始她在信息里写了很多对生活的抱怨,到了后来,抱怨慢慢减少了。她也渐渐好了起来,不再每天以泪洗面了,她每天都能够按时吃饭,按时睡觉。一个月之后,她恢复了正常的学习和生活。

当我们深陷悲伤、失望、自我否定等消极情绪的时候,你会觉得消极情绪像膨胀的烟雾把我们包裹起来,它那么大,那么厚重,并且难以逾越。如果你愿意先从一个小小的转变开始,你就会发现，那个看似很恐怖的烟雾会慢慢消散。因为小小的力所能及的改变，会让我们对情绪的掌控感逐渐回到自己手中，无力感会慢慢减退，从而可以恢复到正常的生活。

当我们深陷一段感情的时候，感情就成了比天还大的事情。感情顺利，我们就开心，感情不顺利，我们就悲伤难过。这本身无可厚非，只是我们应该知道，我们的人生除了爱情还有其他很多的风景。比如，一直在深夜给你留下一盏灯的亲情，偶尔嫌弃但是却不离开你的友情，与你并肩奋斗完成任务的同事。再如，一份有意义值得为之奋斗的事业……愿我们每个人在深陷不良情绪的时候，可以退出画面来看画，避免一叶障目，不见泰山。

帮助我们找到情绪中掌控感的方法有很多，大部分都很常见，也比较容易开始，主要分为以下五类。

一是找到美好的东西。比如喜欢的音乐，大快朵颐的食物，人迹罕至的美景。大自然是人类赖以生存之处，钢筋水泥却阻隔了我们和自然的联系。有时候看到美丽的自然风景，我们回归到大自然的怀抱中，会感叹造物主的神奇和自身的渺小，会感受到世界上更多美好的事物。再如，美妙的音乐，它都能够很好地起到缓解情绪的作用。

二是释放情绪。从情绪能量的角度来说，负面情绪容易压抑在我们心里，对我们的身体健康造成影响。幸运的是，负面情绪很容易被释放出来。通过运动出汗，就可以让人感觉良好，比如跑步、爬山、游泳、大哭、大叫，等等。马拉松爱好者中有的是上市公司高管，有的是公司普通职员，有的是已经年逾七十的老人，还有的是大学生。无论他们的年龄和职业，他们都有一个共同点，就是心态非常好，情绪非常饱满而有力量。他们在跑步中释放了自己的压力，在跑步中思考，在跑步中顿悟。如果你还没有爱上运动，那就可以尽快行动起来，找一个自己喜欢的运动。

三是寻求社会性帮助。可以找朋友家人聊一聊，诉说本身就是一种很好的方式。讲述一件事情的时候，意味着你开始从思维意识的层面来看待这个问题，意味着已经开始去面对。当被亲友提问的时候，我们就开始了被动思考。

比如，每次姑娘和男朋友吵完架她都会情绪低落好一阵子，而她似乎已经习惯。有一次她跟闺蜜倾诉，闺蜜告诉她在恋爱期间都不会让着你，那等结完婚之后，情况可能会更糟。

这位姑娘听完之后恍然大悟，每次生气后，她都不能理性地思考。

四是寻求精神鼓励。看一些名人传记或者励志电影。人类天生都喜欢模仿，喜欢追寻英雄的脚步，看到励志人物的故事会产生代入感，故事中的经历也会激励我们奋发前行。根据真人故事改编的美国电影《当幸福来敲门》，就是一个非常经典的励志故事，主人公克里斯·加德纳既没有学历，又没有好工作，更没有好的家庭支持，但是他历经艰险，使自己成为一名出色的股票经纪人，过上了幸福的生活。

五是记录自己的情绪"晴雨表"。情绪"晴雨表"就是像记录天气预报一样，记录自己每天的情绪。比如，今天主要的情绪是开心，原因是什么呢？这个问题是在帮助你找出对你而言真正重要的事情，给你更多的头绪，让你更加了解自己。比如，今天心情有些糟糕，那么糟糕的原因是什么呢？是从早上起床就开始感觉糟糕吗？还是中途发生了什么事情才开始感觉糟糕？如果是因为中途发生了一些事情让我们的心情变得糟糕，我们就可以反思一下，为什么这件事情会让我们感到糟糕，我们当时是如何应对的，如果可以换一种方式，我们是否依然还会如此应对。

当你坚持记录几周自己的情绪，就可以发现其中的一些规律，从而对自身有更加深刻的了解，很多平时没有注意到的细节，会在做记录的时候涌上笔尖。有一些平时刻意回避的东西，因为记录会让你自己不得不面对。同时，情绪记录也是一个情绪的发泄途径，时常回顾翻看自己的情绪日记，会让你对很多问题的看法发生变化。比如，前几天有一件让你痛哭流涕的事情，过了几周你再翻看当时的情绪日记，会有全新的感悟，对事情就会有更深的思考。

生活中的不良情绪就像人的感冒发烧一样，可能今天痊愈了，过几天还会出现。感冒发烧不可能杜绝，消极情绪也不会杜绝。我们可以通过合理膳食，合理作息和合理生活来避免感冒，同样我们也可以通过合理规划自己的人生，不断提高自己的认知，来与消极情绪和平相处。

温斯顿·丘吉尔曾说："没有终极的成功，也没有致命的失败，关键的是有没有勇气继续向前。"生活不是逼自己变得逆来顺受，宠辱不惊。生活是要主动去探索，就像去迎接早晨的第一缕阳光那样去迎接生活。生命力的意义在于好好活着，因为世界本身就是一条未知的路，可能无数次被礁石击碎又无数次地扑向礁石，经过摔打之后，生命的绿茵才会越长越茂盛。正如"世上从来没有真正的绝境，有的只是绝望的心理。只要我们心灵的雨露不曾干涸，再荒芜贫瘠的土地也会变成一片生机勃勃的绿洲"。

跟自己的情绪和平相处，修复自己，可以先从小小的行动开始。

营造良好的人际关系，为情绪保驾护航

第 7 章

没有人是一座孤岛，每个人都处在人际关系之中，我们的情绪不可避免地会受到人际关系的影响。良好的人际关系对情绪健康有重要作用，反之，消耗性的人际关系则会给我们的身心带来严重的伤害。人际关系是不断动态变化的，我们需要在关系中看到自己，建立自我认同，避免陷入消耗性关系，为拥有健康的情绪奠定基础。

第 1 节

良好的人际关系,对情绪而言意味着什么

每个人都不是孤立存在的,从出生开始,我们就在和外界产生各种各样的关系,最开始是亲子关系,随着我们的成长,还会有同学关系、朋友关系、同事关系,等等。我们把人和人之间的互动状态称为人际关系。但人际关系也会受到各种因素的制约,比如,人生阶段、心理状态、经济情况、社会地位等,良好的人际关系有助于我们身心的健康和事业的发展,也有助于我们保持健康的情绪。情绪的产生,是我们与外部世界互动的结果,人际关系也是如此。

人际关系在我们的生活中扮演着非常重要的角色,脱离了正常的人际关系,这个人就不是一个完整的人,也无法拥有健康的

情绪。

前些年,研究工作者在印度发现了一个狼孩,这个孩子一出生就被狼叼走了,他和狼一起长大,不会说人类的语言,每天像狼一样用四肢爬行,吃生肉,按照狼的生活方式生活。因此有科学家认为,这个狼孩并不是一个真正意义上的人。一个人要和外界建立足够多的关系,能够满足社会对他的基本要求,能够掌握基本的社会规则和生存技能,才能称为一个完整的人。每个人都是在关系中成长的,这个狼孩没有充分建立人际关系,他的情绪都是最原始的,喜、怒、哀、惧全部凭着自己的本能展示,无法控制自己的情绪冲动和破坏欲。而一个在社会中有良好人际关系的人,需要明白如何控制自己的行为,应该知道如何去调整自己的情绪。人际关系在我们的人生发展中有非常重要的作用,脱离了正常的人际关系,我们是无法拥有健康情绪的。

良好的人际关系是维持我们正常身心健康的必要因素。比如,我们都知道监狱里有一种惩罚叫作关禁闭,是把犯人单独监禁在一个囚室里,禁止他与外界交流。在一定的时间期限里,囚室有生活必需品供应,如水和食物,门口有专门的看守看管,看守也不能与犯人有任何交流。没有哪个犯人不怕被关禁闭,因为那实在是太痛苦了。因为人类是社会化的动物,所以人需要和他人产生人际关系。与人群隔离会让人极度紧张，只有不断地和他人接触，我们才能感到舒适和安心。因为我们需要有良好的人际关系才能够维持身心的健康，在此基础上，我们的情绪才有可能是健康饱满的，否则，我们的情绪就会被恐慌、愤怒、沮丧等消极情绪所长期占据，进而影响身心健康。

我国著名心理学家丁瓒教授曾经指出："人类的心理适应，最重要的就是对人际关系的适应。"当我们和外界的关系协调了，很多情绪问题便会自动消失。好的人际关系会让人心情舒畅，并且保持一个比较健康的情绪状态。

人际关系对情绪有非常重要的影响，与此同时，情绪状态也会影响我们的人际关系。健康的情绪状态是人际关系的润滑剂，有助于我们和他人建立更加美好的关系。

人并不是机器，我们做决策的时候会按照逻辑理性思考、判断，除此之外，还有情绪在其中发挥作用。比如，你在路边看到一个五六岁的小女孩在乞讨，虽然你知道这可能是假的，这个小女孩的背后可能有成年人在组织策划，但你还是会忍不住要给她钱，因为这个小女孩乞讨的样子让你产生了同情怜悯之心。同样，人和人之间的关系，理性层面的目的是比较容易察觉的，但能够让人和人之间关系更进一步的，往往是因为情绪。良好的情

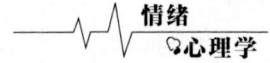

绪可以促进人际关系的发展,因为情绪本身具备很强的感染力。

如果一个人总是平和喜乐,那么他的情绪会感染到身边的人,就会有更多的人愿意靠近他。相反,如果一个人总是无缘无故地突然发脾气、暴怒,他就会伤害到身边的人,最后就会远离他。但是,这并不是意味着我们在人际关系中需要去隐瞒所有的消极情绪。当我们不能够以真实的状态与身边的人相处的时候,就永远不可能和对方建立真实的关系。我们需要在一段人际关系中恰当地表露自己的真实情绪,这样才能产生更好的互动,否则这段关系就是虚假的关系,或者只是表面上的关系,并没有真正碰触到对方。这就是为什么有些人虽然经常接触,但是总是感觉对方非常的遥远。

良好的人际关系有助于个人发展,能够让我们维持一个比较好的身心状态,有助于保持良好的情绪,而良好的情绪也会进一步促进人际关系的发展。当你的情绪出现问题之后,不妨反思一下是否是人际关系出了问题,然后尝试去改善关系,而不是压抑、否定自己的情绪。我们要努力去营造良好的人际关系,进而让自己的情绪变得更加饱满。

第 2 节

在人际关系中看见自己,是健康情绪的基础

人际关系伴随人的一生,对我们而言非常重要。但是,在这个过程中,不可避免地会产生一个"虚假自我",就是为了迎合别人而存在的自我。在"虚假自我"的基础上产生的情绪也都是虚假的。如果"虚假自我"过于强大,我们就完全感受不到真实的情绪,这对我们的伤害是巨大的。在人际关系中,我们需要看到"真实自我",并且能够接受"虚假自我"的存在,这样才能够拥有健康的情绪。

"虚假自我"为什么会产生呢?英国心理学家唐纳德·温尼科特详细说明了"真实自我"和"虚假自我"的产生,两者首先在与妈妈的关系中形成,而后扩展到其他所有关系中。唐纳德认

为，从我们出生开始，出于动物求生的本能，我们会形成一套自我保护机制，当我们的自身受到威胁的时候，这套自我保护机制可以保护我们，但是与此同时，这套防御机制很可能会演化成一个"虚假自我"。

婴儿时期的我们没有任何生存能力，需要养育者的照顾才能够生活下去。两三岁时，我们的生活资源依然是来自养育者的供给，如果父母对我们过于严厉，我们会为了顺从父母的想法而压抑自己的渴望，不敢表达自己真实的想法，也不敢去做自己真正喜欢的事情，从而形成一个父母喜欢的"虚假自我"。如果一个人的"虚假自我"过于强大，等他长大之后，他会把这种与父母相处的模式带到其他关系中去，即在与他人相处时，都是为了迎合别人的需要不断强化自己的"虚假自我"。

我有一位非常优秀的男同事，他的外型高大帅气，名校毕业，家境不错，工作非常努力，也非常细心温和，是公司有名的"暖男"，深得领导和同事喜爱，但是他自己的恋情却不顺利。

我跟他熟悉之后，发现他最大的问题是活在"虚假自我"之中，不知道自己的真正需求。比如，公司周末组织郊游团建，他会给大家买好水和零食，为每个人都考虑得十分周到。只要他有空，他就给大家的朋友圈评论点赞，很少有自己的空余时间。做这些事情本身没有错，只是做这些事情让他非常疲惫，因为他做这些事情并不是出于他的本心，而是为了迎合别人。

去年临近春节放假的时候，他来寻求我的帮助，希望我介绍一位心理咨询师给他。在跟他聊天的过程中，我发现他虽然是独生子，但是小时候却没有得到父母足够的陪伴和关注，因为他父母工作都很忙，他出生不久就被送到了外婆家，从小跟着表哥表弟们一起长大。他说那不是他自己的家，所以他从来不敢任性地提任何要求，反而是想着办法哄外婆开心。曾经有一次他调皮捣蛋，外婆就说如果他再调皮，就把他送给别人。那时的他一周最开心的时刻就是周五的傍晚等着爸爸妈妈来接他回家过周末。每到周五的下午，他就拿个小板凳，坐在外婆家的院子里，目不转睛地看着大门口，等着爸爸妈妈来接他。如果他那一周的表现不是很好，外婆会跟爸爸妈妈告状，而后父亲就会揍他一顿。

我建议他春节回家跟自己的父母好好聊一下自己小时候的事情，说说彼此的感受。

春节回来之后，他又告诉我一个细节：他的母亲告诉他，在他只有几个月大的时候他经常哭。有一次，母亲无意中把一个透气的面罩盖到他的脸上，他的哭声突然就停止了。母亲觉得这个办法非常有效，后来每次他哭的时候，母亲都会把那个面罩盖到

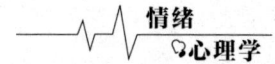

他的脸上。再后来每当他哭的时候,他的父亲和外婆也用的这个办法来应对。

说到这里的时候,他的声音稍微有些低沉,脸上依然带着淡淡的微笑。我突然感觉到一股巨大的悲伤,我仿佛看到了那个婴儿在黑暗中,带着巨大的恐惧止住哭声,等着养育者的关照,他在无尽的黑暗中默默挣扎,无声地哭泣。

他觉得自己活得很假,每天讨好别人非常累,但是又停不下来。表面上看似阳光温暖的他,内心却潜藏着无尽的悲伤和绝望,就像那个当年在黑暗中挣扎的婴儿。现在大家都是被他的阳光温暖所吸引,他为了维持这段关系,只能继续假装下去,而这种无休止的扮演让他觉得窒息。

他形成的"虚假自我"太强大了。小的时候,他的自我围绕着养育者的情绪意愿构建,从那个时候起就开始屏蔽内心的感受,压抑真实的情绪。长大之后,他的自我围绕着同事领导的需求构建,更严重的是,即便别人对他没有要求,他也会自动地寻求别人的感受,并围绕着别人的感受来表现自己,所以他让大家感受都很好,除了他自己。

在"虚假自我"保卫下的良好情绪状态是空中楼阁,有大部分黑色负能量压抑在内心中。所以,我们要经常检视自己是否被

"虚假自我"绑架了。

意识到"虚假自我"的存在之后，我们需要慢慢地让"真实自我"长出来，去发现自己的真实需求和情绪感受，并且去认同它。但这并不是一件容易的事情，因为"虚假自我"过于强大，已经对"真实自我"形成了防御屏障，需要很长时间的努力才能做到。

在北方的冬天，一个大雪飘飞的晚上，一所县重点高中的高三学生正在上晚自习。与教室外的寒冷相比，教室里暖和得让人有些昏昏欲睡。一个坐在靠窗位置的调皮男生，偷偷打开了窗户，一股刺骨的寒风夹杂着新鲜的空气吹了进来。

寒风正好对着小A吹，她开始的感觉还好，整个人一下子清醒了很多。五分钟之后，小A感受到刺骨的寒冷，但是她不敢说话，默默忍受着寒风，继续看着摊开在桌子上的习题。一会儿，坐在小A附近的小B站起来，对着那个调皮的男生大喝一声："你给我把窗户关上，立刻！马上！"班级里顿时哄堂大笑，大家都想看那个调皮的男生是否会关窗户。男生做了一个鬼脸，嘴里嘟囔着说："好男不跟女斗。"然后把窗户关上了。

十几年过去了，当年的同学都淡忘了这个小插曲，只有小A一直记得。她不停地反问自己，自己为什么不敢让男同学关上

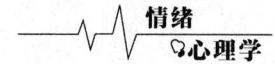

窗户。

其实答案很明显，小A有姐弟三人，上有活泼可爱的姐姐，下有集万千宠爱于一身的弟弟，她的需求从来都是被忽视的。小到日常的一日三餐，大到周末去哪里玩，都是遵从姐姐或者弟弟的意见，小A在家里像一个影子一样的存在，看似存在，但是没有她的声音，没有她的诉求和渴望，她也没有情绪。小A能做的，只有好好学习，获得好成绩以渴望得到父母的一点点关注。

毕业之后，小A在公司里扮演着同样的角色，因为不怎么发表自己的声音，情绪也最为稳定，给人一种成熟大气、任劳任怨的印象。领导会把很多重要的任务交给她，因为她的工作能力比较强，领导经常主动找她谈话，问她有什么诉求。但是对于整个团队而言，领导总是觉得她是游离在外的。在一个群体中，如果你从来不曾发现自己真实的想法，那么就无法真正跟别人沟通。

在亲密关系中，她也遇到了同样的难题。小A隔断了自己真实的情绪，也就无法真正走进一段亲密关系。当她意识到这些的时候，已经三十二岁了，这一切对她而言还不算晚，但是接下来的调整对她而言仍然是一个比较大的挑战，是一个长期而漫长的过程。

找到"真实自我"的第一步，就是能够体察到自己真实的需求。当你被"虚假自我"折磨得疲惫不堪的时候，不妨问问自己，你内心真实的想法是什么，真实的情绪是什么？

"虚假自我"隔断了我们的情绪流动，阻碍我们建立更深入的人际关系，是不是就一定要坚决杜绝呢？其实不是,任何东西的存在都有一定的意义，"虚假自我"也是一样。

当我们本身比较弱小，还不足以支撑生存的时候，会用"虚假自我"来迎合外界的需要，这是一种求生本能，也是在保护自己，但是"虚假自我"过分强大就会变成一种阻碍。当你已经长大，慢慢变得独立，未来要独立组建家庭的时候，你需要和这个世界建立良性的互动关系，而且，你需要意识到，你最初的养育者并不需要你用"虚假自我"来和他们互动，只是在人生的开始，你们选错了交流的方式。"虚假自我"曾经保护了你，或者现在还在保护着你。所以，我们不应该一味地嫌弃"虚假自我"，而是需要认识到它存在的合理性，更加理解它的存在，才能够逐渐改善。

我们要正确看待"虚假自我"和"真实自我"的关系，识别"虚假自我"，慢慢长出"真实自我"，保证情绪的流动。现在的我们过多强调了社会和亲密他人对我们的期待，忽略了自己的感受。我们的"真实自我"要以自我为中心，按照自己的感受来

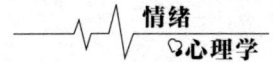

建立，同时又需要兼顾社会和他人对我们的期待。希望你在人际关系中可以看到两者的存在，能够处理两者的关系，在人际关系中看见自己，为健康的情绪打下基础。

第 3 节

在关系中建立自我认同,发展积极情绪

在人的一生中,我们会扮演很多个角色。我们首先是儿女、同学、同事,再到后来成为别人的妻子/丈夫,还会扮演父亲/母亲的角色。我们会发现,有些人可以扮演好各种不同的角色,知道在什么场合用什么样的语言和行为,有些人则会把事情搞得乱七八糟。原因是什么呢?因为能够处理好各种角色的人,都在关系中建立了非常好的自我认同。

自我认同就是对自己有较为清晰的认识,能够客观地看待外界和自己,能够接纳自己,有较为明确的人生目标,能够积极而独立的生活。如果你平时比较细心,就会发现但凡具备健康情绪的人,都具备很好的自我认同。因为从自我认同感中可以发展出

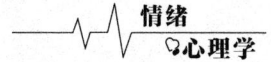

自尊与自信,因为对外界有比较客观的认知,所以会根据现实不断调整自己,从而变得更加成熟和客观。

自我认同包含自我了解和自我实现两部分。

自我了解就是对自己的现状和所处的环境有恰当的评估,同时非常清楚自己可以做什么,不可以做什么,了解自己的短板和长处。比如,我是谁,我是一个什么样的人,我的优点和缺点分别是什么,我未来希望成为一个什么样的人,我的理想是什么,等等。

战国时期的秦国名相张仪,就是一个对自己了解非常透彻的人。根据孙皓晖同名小说改编的长篇历史剧《大秦帝国》中,张仪喜欢在秦都咸阳开客栈的苏萱姑娘,想要娶她为妻。苏萱也钟情张仪,但却有一些顾虑。原来苏萱的父亲也是一位有才华的人,在游历各国的时候不幸丧命,因此苏萱不希望张仪当秦相,也不希望他去游说各国。苏萱希望张仪跟她一起开客栈,过普通人的生活。

张仪恋恋不舍但是十分坚定地说:"正因为我的志向滋养了我,我才有如今的精气神,也因此获得你的喜爱。如果我放弃理想,那么将会变得萎靡不振,没有了精神,你也不会再喜欢我了。"

张仪坚持自己的理想与苏萱告别。几经波折，最后张仪得到了苏萱姑娘的理解，两个人终成眷属。

一个人只有了解自己以后，才能够更好地跟社会碰触。更好地了解自己意味着不轻易为别人改变，知道自己未来要走向哪里，知道什么是自己应该坚持的，什么是自己坚持不了的。

自我认同的另外一个方面就是自我实现。自我实现，是由美国现代著名的人本主义心理学家马斯洛最先提出的。马斯洛提出了人的需求五层次理论，把需求分成生理需求（Physiological needs）、安全需求（Safety needs）、爱和归属感（Love and belonging）、尊重（Esteem）和自我实现（Self-actualization）五类，依次由较低层次到较高层次排列，在自我实现需求之后，还有自我超越需求（Self-Transcendence needs）。

马斯洛说，自我实现需求是最高层次的需求。自我实现者都对自己的未来有要求，可以充分发挥自己的优势，成长为自己想要成为的样子。原则上来说，自我实现的是高级的需求，是在满足生理需要、安全需要、归属需要、自尊需要等基本需要之后而产生的高级需求。但是具体到某一个人，在特定的时期中，自我实现的需求有可能在低级需要没有满足的时候出现。做到自我实现需要对自己有清晰的认识，还需要对外界的趋势有很好的把

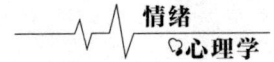

握。能够取得一定成就的人,都是能够做到自我实现的人。

每个人从出生就带着自己的基因和使命,对于一棵梨树来说,能够结出更多的梨,就是它的自我实现。对于一棵苹果树来说,能够结出更多的苹果就是它的自我实现。对它们而言,这是它们的本能,是生命努力要绽放自己的本能,对于人类也一样,你的自我实现就是要求你努力绽放自己的人生使命。所以,你的人生使命是什么呢?你打算以什么样的方式过完这一生呢?

当一个人能够自我了解和自我实现之后,他的自我认同感就建立起来了。情绪对自我认同感的高低有非常重要的影响,很多人在自己心情好的时候,就会觉得自己无所不能,对自己有满满的信心。但是一旦心情不好情绪低落,就仿佛跌入万劫不复的深渊,觉得自己什么都不行。反过来,自我认同感也会影响情绪,一个自我认同感低的人,往往意味着低自信和低自尊,从而带来消极的情绪,消极情绪又进一步影响行为。那我们应该如何在关系中建立自我认同呢?

首先,重新建立自我认识。

在我们的成长过程中,我们对自我的认识会受到各种外界因素的影响,比如,身边的人给你贴的标签,说你不擅长交际,说你是一个粗心的人,等等。除了身边的人以外,社会也会给一个群体贴标签，比如，"90后"如何如何，"80后"如何如何，等等。他们的说法可能是事实，也可能只是自己的想法而已，对于别人给我们的标签和定义，我们要能够静下心来思考和分辨，在这个过程中建立自我认识。

对于购物，有些女孩子买奢侈品会很开心，但是有些人却对奢侈品不感兴趣，大家喜欢的并不一定是你喜欢的，你喜欢的是什么？你到底在意的是什么？

有这样一个测试：国外的一所名校，在大学开学的第一天，老师让每个人写下自己的墓志铭：当有一天你离开了这个世界，你希望别人怎么评价你的一生呢？

其中有一名同学，他的父亲和祖父都是医生，按照正常的人生轨迹，他也会成为一名医生。那天，他写下的墓志铭是，他希望自己在商业上有洞察力，同时希望自己的思想可以影响后人。这个时候，他突然意识到成为一名医生并不是他的内心所想，对自我有了新的认知之后，这位同学下定决心要改变自己的发展轨迹，后来他成为有名的商业咨询师和畅销书作家。

建立自我认识要结合日常生活中的反思，再加上对一些关键事情的思考，不能一蹴而就。我们需要多问自己几个为什么，一点一点地开启我们对自己的认知。

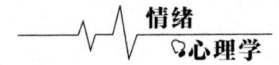

其次，允许自己犯错，并给自己犯错的机会。

很多人都害怕自己犯错，尤其是父母更是为我们精心筹划每一步。其实，人生是一场马拉松，最终还是自己走到终点。在这个过程中，我们需要不断去探索，如果不允许自己犯错，那么也失去了探索更多可能性的机会。

有一位非常成功的职业经理人在一次分享中提到"22岁，22种工作"。这位职业经理人在临近大学毕业的时候非常迷茫，不愿意听从家里的安排去亲戚家的公司工作，也不知道自己应该要去做什么。她开始去探索自己的职业方向，所以一直在不断尝试新的工作。在她22岁的时候，已经尝试了22种工作，最终她选择了在一家美国上市公司做大客户营销的工作，目前她已经是这家公司的全球销售负责人了。这位职业经理人说，年轻的时候，要大胆尝试，不要担心犯错，要允许自己犯错，并给自己犯错的机会。

试想如果当年她不允许自己去犯错，去尝试，可能永远都不会找到适合自己的工作。有些错误，年轻的时候代价比较小，尤其是关于职业的转换。在不断的自我尝试的过程中，要相信自己，不要去局限自己。

最后，世界不是非黑即白，要建立多元思维。

很多人在建立自我认知的时候，会受到社会比较的影响，要么觉得自己非常优秀，要么觉得自己一无是处，情绪也随之起伏不定。

在人际关系中，互相比较是难以避免的。虽然一直在倡导最好的比较是只跟自己比较，看自己是否有进步。但是跟外界的比较是每个人的本能，是不能完全避免的，但是你可以自己选择比较的标来调整自己的心情。比如，跟比自己优秀的人比较，往往会觉得自己很失败；跟比自己差很多的人比较，往往会产生一种优越感；跟自己差不多的人比较，往往会生出不服之意，希望自己可以超过对方。三种比较方式没有对错，看你如何更好地去应用它。

当你取得一些成就，有些骄傲的时候，不妨跟比自己优秀的人比较，让自己能够沉下心来继续努力。当你被现实打击一蹶不振的时候，不妨想想那些不如自己的人，想想自己一路走来的不容易，避免陷入自我惩罚的深渊，帮助自己建立自信，可以快速走出来。而平时，可以多关注跟自己水平差不多的人，看看他们当下的做事方式和思维方式，选择其中好的部分加以学习。

世界上不是只有成功和失败两种结果。世界不是二元对立的，任何事情都有可能存在，所以你没有必要将自己置于非常严

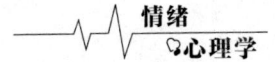

苛的地步。

　　自我认同感是在人际关系中建立起来的,在自我认同感建立的过程中,必然伴随着情绪的起伏,情绪高昂和低落都是难免的。你要在自己的发展过程中不断确定自己的自我认同感。当自己情绪低落的时候,不要妄自菲薄;当自己的开心的时候,不能目中无人。在关系中不断反思自己,建立并保持良好的自我认同感,可能是你一生的修炼,因为无论是自我认知和自我实现都是一个漫长的过程,希望你在这个过程中始终保持健康的情绪,与世界良性互动。

第 4 节

学会应对消耗性关系，避免自己受到伤害

我们时时刻刻都处在和别人的关系中，人际关系带给我们生命力的滋养，也会带给我们创伤。我们一般把带给我们生命力，带给我们信心正能量，带给我们更多积极情绪的关系称为滋养型关系。反之，把带给我们负面情绪，消耗我们的能量，损耗我们自信心的关系称为消耗性关系。

消耗性关系的典型特点就是，让对方处在一种消极的情绪状态中，整个人的能量会不断降低。我们渴望在关系中被接纳、被理解、被关爱，但却又在无意之中陷入一段消耗性的关系，或者我们自身就是消耗性关系的制造者之一。

我的一位朋友是很优秀的职场女强人，她大部分假期都不回

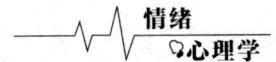

家，要么一个人待在北京看书，要么出去旅行。只有到了春节，因为风俗和团圆的需要，她才不得不回家。

她对于回家有深深的恐惧。每次从家里回北京，她都觉得自己的人生没有任何意义，总有想轻生的想法，还好她的理智能够识别她的消极情绪，在与消极情绪相处一段时间之后，她才能从情绪的谷底慢慢爬出来。她说，那种对人生失望的感觉，像被关在了黑暗的水下牢笼，没有一点光亮，没有任何希望，没有一点点空气，仿佛下一刻就会窒息。

她出生在一个有重男轻女思想的家庭。小时候，只要她稍微有一点不合母亲的心意，母亲就会说："早知道你是一个女孩儿，当时就不应该生下你。"六岁那年，她第一次有了自杀的想法。那一年，弟弟出生了，全家沉浸在弟弟出生的喜悦之中，她一个人默默地坐在角落里，她觉得未来无法在家里生存下去了，每天极尽讨好母亲让她非常地疲惫。她根据自己在电视中看到的片段，总结了好几种自杀的想法。正当她想着付诸行动的时候，母亲把她送进了学前班。在学前班里她认识了很多小朋友，又因为她非常听话懂事，因此赢得了老师的喜爱。这一切好像是新鲜的空气，吹走了她的窒息感，也吹走了那个自杀的计划。

随着时光流逝，她上了大学也见识了更广阔的世界，自杀的念头已经没有了，但是只要她在家里待几天，这种自杀的念头就会重新升起。一个人无论怎么优秀，都需要获得自己父母的认可，父母对她的打击会让她在外面建立的自信顷刻土崩瓦解，随之而来的是无尽的绝望。

她和父母之间的关系就是典型的消耗性关系。她的母亲去世之后，这种消耗性关系并没有因此而消失，而是进入她的头脑，变成一个紧箍咒。母亲一生勤俭节约，不舍得买新衣服，于是她也不舍得买新衣服，只有当工作需要的时候才买。母亲最讨厌别人化妆，于是她对化妆也一直没有什么热情。小时候，每当母亲生气的时候，她觉得自己连呼吸都是错的，更不敢提出自己的需求。母亲去世之后，她觉得所有违背母亲喜好的事情都是错的。

这种消耗性关系给她寻找人生伴侣也带来了很大阻碍，她无法走进婚姻，没有怀孕生子的勇气。她认为把一个生命带到这个世界上是一件很辛苦的事情，而她没有这个能力，因为她自己的存在就是不应该的。

在她与母亲的关系中，她恨自己，也恨母亲，只是这种感情被压抑在心里，她不愿意承认自己会恨母亲。于是这种恨意变成了对自我的惩罚，变成了对母亲的顺从和效仿，虽然她知道有一些不合时宜，但还是用母亲的价值观来要求自己。当她意识到这是一种消耗性关系之后,她开始慢慢努力想要去调整,她明白从这种消耗性关系里面走出来需要很长一段时间,她正在开始一点一点慢慢地努力。

在日常的生活中,我们要能够发现自己身边的消耗性关系,避免自己的情绪和自信心受到打击伤害。

中国台湾的资深心理咨询师周慕姿在《情绪勒索》这本书中写到,当一个人在伴侣、亲子、职场等关系中,感到非常不舒服,难以和对方相处时,这可能是因为,他遭遇了情绪勒索。情绪勒索就是一方通过一些手段,给另一方带来心理压力,让对方产生挫败、恐惧等不好的情绪。于是为了减少这种不舒服的感受,受到压力的一方就很有可能会妥协,按照对方的要求去做。

如果只是一般的矛盾,算不上情绪勒索,情绪勒索是通过打压对方的自信以摧毁对方的安全感。前文中提到的家庭消耗性关系的例子就很好地说明了这一点。母亲通过对她的责骂,摧毁了她的自信,她在这种勒索关系中,她失去了安全感,甚至失去了生而为人的底气,不敢提出自己的要求,甚至觉得生而无望想要结束自己的生命。

我们在生活中要能够识别消耗性关系,避免被情绪勒索。与消耗性关系相对应的就是滋养型关系,滋养型关系能够让你在关系中收获更多自信与平和的情绪。我身边有一些朋友，他们和父母关系很融洽，遇到挫折和困难都向父母倾诉，和父母保持着良好的互动，这种就是典型的滋养型关系。按照理想的状态，家是一个让人回去之后就充满力量的地方，只是很多人并没有那么幸运。

因此，我们需要快速识别关系，避免自己在关系中被剥削，才能让关系滋养自己的情绪。

第一，避免自己成为消耗性关系的制造者。当我们和别人相处的时候，不能只从自己的出发点考虑问题，要能够做到换位思考。当自己的一些行为给对方带来伤害的时候，就要反思自己的行为有没有打击别人的自信，有没有只考虑到自己的感受。

第二，避免自己成为消耗性关系的受害者。如果你在关系中感受到了痛苦，那么就要警惕这段关系是不是剥削关系。

第三，不要忘记自己在关系中的初衷。我们进入一段人际关系的时候，肯定带着自己的期待，有特定的目的和诉求，比如，是为了得到爱情，得到友谊，得到关心，但是我们往往在一段关系中待久了就忘记了自己的初衷。

第四，能够客观看待外界，对外界有清晰的认识。

我们的情绪是和外界互动的，所以要能够对外界有客观的认知，这个外界包含人和事。在一段关系中，你到底在其中扮演着什么角色，关系中的另外一方扮演着什么角色，你们是在共同经历一件什么事情。

有些关系是我们可以选择的，有些是我们无法选择的，比如，你和原生家庭之间的关系。如果你和原生家庭之间是长期的消耗性关系，单单靠你自己的力量是无法扭转这种关系的。如果你没有改变的力量和信心，当你还无法扭转的时候，不妨暂时放一放，保持一个恰当的距离，当然最好的办法还是你能够去容纳和化解这种关系，这种改变需要契机。

当一个人病得很重的时候，我们知道要采取他可以接受的治疗方法，不然病人可能会因为身体太虚弱，承受不了治疗的痛苦而离世，对人的肉体如此，对精神也是如此。当自我很虚弱的时候，我们还不足以去面对一段关系时，那么暂时的逃离也是一种办法。

在日常的人际关系中，我们要减少消耗性的关系，努力去增加滋养型的人际关系。

对于滋养型的人际关系，要用心维护，如果你们之间出现了矛盾，你能够认真坦诚且有技巧地与对方沟通，当彼此的伤口和裂痕被细心修复之后，你们的关系一定会更加深刻、丰富，也更能够滋养对方。

更重要的是,要警惕消耗性关系,避免陷入一段关系的泥潭中,避免情绪勒索,只有这样,才能为你的情绪健康提供土壤。

勇敢做出改变，
拥有创造幸福的能力

第 8 章

　　人生的使命是创造幸福、快乐和自由。我们的人生有改变和坚持，有物理反应和化学反应。我们会旅行，换一个频道看自己，会逃避，会重生。希望你内心坚定地告诉自己：无论此生境遇如何，我都有信心过好这一生。

第1节

由内而外，实现人生的蜕变

你想要学习情绪管理，是为了追求美好幸福的生活还是为了逃避情绪给你带来的困扰？

我想大部人都是为了逃避痛苦。逃避痛苦是人类永恒的主题，是人类进化的关键动力之一。佛罗里达州立大学教授Anders Ericsson称，动机是成就的关键因素，那些成功的人之所以成功，很多时候只是因为在某些事上，保持了比其他人更持久和强烈的动机。追求幸福和逃避痛苦是人类的两种非常重要的动机。这两种动机会交叉出现，有时候其中一个会占据主导。虽然两者都是动机，却有非常本质的区别。

刚毕业那几年，我去参与一门课程的认证。为了准备这门课程，我查阅了大量的资料，花费了很多的时间，但是仍然没有通过，原因是我在讲课时面部表情很僵硬，没有活力，不能营造氛围。

于是，我诚恳地请一位资深培训师指点，他说让我多看一些娱乐综艺节目，节目上有很多搞笑的段子，让我学会讲笑话，学会模仿别人的表情，让自己的表情更多元化。得到老师指点之后的那个周末，我打开电视，拿出笔记本和纸，一边看综艺节目，一边做记录。在记住了很多笑话，模仿了很多表情之后，我在第二次的课程认证上依然失败了，因为过于紧张，我一直想着笑话和表情，居然弄乱了原来的授课逻辑。过了一段时间之后，我忘记了当时记住的笑话和表情，在一次培训课程上，我获得了极大的肯定。后来我自己总结，我开始的时候很害怕失败，后来课程认证的失败让我焦虑，于是我为了逃避痛苦去学习、去模仿。因为逃避痛苦所做的一切让我的痛苦变得更加沉重而巨大，这些直接导致了我第二次课程认证的失败。后来，当我终于决定放弃这些条条框框，我只想用逻辑把课程讲清楚时，我不再惧怕失败而是大胆追求我可以展示的优势，于是我就发挥出了比较好的水平。

重大体育赛事是对运动员体能极限的考验，也是对人心理的考验。如果你是一个运动员，你全力投入比赛，想把自己的情绪调整到最佳状态，你是因为追求成功还是逃避失败？如果你是在追求成功，那么你目前承受的压力都是为了那个明确的目标，你要调整自己的身体极限全力以赴去达到它；如果你是在逃避失败，那么失败就像一只恶狼在身后追赶着你，你所有的努力都带着恐惧和无奈的成分，一旦不能成功就可能被恶狼吞噬。

追求成功的人，一般会有坚定的目标和信念，将失败视为成功的垫脚石。追求成功让我们的行为更具有主动性，在实现目标的过程中，我们会感觉到快乐、充实和兴奋。努力给我们带来安全感，让我们的情绪更加平和稳定。逃避失败的人，对失败的恐惧，让我们的行为更具有被迫性。在实现目标的过程中，我们会感觉焦虑、不安和恐慌，我们的情绪会更容易波动。我们不能否认，无论是追求成功还是逃避失败都是一种动机，只是两者会给我们的潜意识带来不同的影响。一个动机是追求成功的人，当他实现一个目标之后，会走向下一个追求成功。一个动机是逃避失败的人，当他实现一个目标之后，接下来会走向下一个逃避痛苦。在某一个特定时期，面对同一件事情，两种动机会交叉出现，有些人是追求成功占主导，有些人是逃避痛苦占主导。

你阅读这本书的动机是什么？是为了追求幸福还是逃避痛

苦。如果是为了逃避痛苦，那么希望你可以实现愿望，从逃避痛苦中回归过来去追求幸福。假如你问逃避痛苦不就是追求幸福吗？其实不然，逃避痛苦并不意味着追求幸福，有些女孩子恋爱，往往是从一个用情不专的男人到另外一个用情不专的男人，从一个火坑跳到另外一个火坑。为了逃避失恋的痛苦而迅速进入下一段感情，从而进入下一段痛苦，拦都拦不住。

如果是为了追求幸福，那么希望你早日实现愿望，也相信你可以实现。

改变不是嫌弃自己，是为了追求幸福和美好。学习情绪管理不是嫌弃自己，而只是为了追求幸福和美好。

1. 物理变化和化学变化

在中学物理课程上，我们知道变化分为物理变化和化学变化。

什么是物理变化呢？没有生成新物质或物质只是在外形和状态方面发生了变化，叫作物理变化。什么是化学变化呢？产生了新物质的变化就是化学变化。化学变化的过程中通常有发光、发热，也有吸热的现象，甚至还会出现剧烈的爆炸。

我们的情绪变化也分为这两种。如果你只是改变了情绪的外在，那只是产生了表面的物理变化。比如，老板骂了你，你很生气，迫于老板的权力，为了让你看起来不那么生气，你勉强地努力微笑，慢慢地你学会了标准的假笑。你改变了情绪呈现的外形和状态是物理变化，这种情绪管理是比较表面的、浅层次的情绪管理。

如果你想改变你情绪的内核，需要你不断提升自己的认知，掌握本书前面提到的那些思考方法，修炼一个稳固的自我。比如，老板又骂了你，你还是很生气，但是你觉得老板这样发火你自己也是需要检讨一下的，或者你知道老板就是这样乱发脾气的性格，自己只是不小心赶上了，自己并未因此被否定。于是你真诚地微笑，去检查自己的问题，带着良好的心态把事情做好。你的心境变得越来越豁达，你也因此变得越来越有魅力，与自己身边的人也越来越融洽，你觉得生活越来越美好。那么恭喜，你改变了情绪的内核，产生了化学变化。

爱尔兰剧作家萧伯纳的经典作品《卖花女》也是讲了一个情绪变化的故事。

《卖花女》中语音学家希金斯与皮克林打赌，要将卖花女伊莉莎改造成为大使馆舞会上高贵优雅的公主。经过6个月的语音和仪态的训练，卖花女伊莉莎从一个"满嘴土话的家伙"变成大使馆舞会上人人艳羡的"匈牙利王家公主"。这时候卖花女的变化仅仅是外在的物理变化,她骨子里依然是没有自我认知的卖花女。

外在蜕变之后,她的心灵开始觉醒,从一个自卑的卖花女成长为一位敢于追求心中理想的反抗者。茶花女从开始时对普希金言听计从,没有自己的主观意见。到后来,在两人最后一场谈话中,伊莉莎说出了自己对人与人之间温情的渴望:"我做这个不是为了漂亮衣服和汽车……我只要求彼此能够友爱一些。"虽然艰难,但茶花女的心灵觉醒了:她获得了充分的自我认知。茶花女在被改变之后,清楚地意识到自己对生活的期盼,于是勇敢地走上了寻求内心独立和平等关爱的斗争之路。

所有内心的转变都不是易事。如果你一开始是物理变化,希望你早日发生化学变化,拥有一个与情绪和平相处的自我。

2. 你的诗和远方存在吗

随着物质生活的丰富,外出旅游变得平常。旅行中看到不同的风景,人们是否会因此而换一个心境从而重生呢?

有人认为旅行是换一个地方吃喝玩乐;有人认为旅行是一种逃避,逃离开熟悉的环境和人际关系,带着新的视角去看待这个世界和思考自己；有人认为旅行是炫耀的资本，可以充实自己的朋友圈。旅行的意义对每个人都不一样，无所谓高级和低级，都是真实存在的现实。

有句古语说人生分为三个阶段：看山是山，看水是水；看山不是山，看水不是水；看山仍然是山，看水仍然是水。

当我们还是孩子的时候，没有那么多心事。我们跟随父母出去玩，回来写游记，这时看山是山，看水是水，一切都是事物呈现给我们的原来的样子。

当我们历经了一些事情，形成自己的思维之后，开始看山不是山，看水不是水。大部分时间我们看到的只有我们自己，有自己的欲望、悲伤、欢乐，等等。我们被自己局限住，即使换了一个地方，我们看到的自然还是只有我们自己。在这个过程中，我们会压抑自己的消极情绪，把它藏在心里，但是它从未离去。

当我们历经世事，心若明镜之后，这时看山仍是山，看水仍是水。只是我们此时跟孩童的时候比，看的不再是表面的山水，而是山水背后的规律和世间万物运行的真理。当你懂得道理之后，虽然你仍然有消极的情绪，但是你已经知道消极的原因，知道如何与它相处。

如果用物理变化和化学变化的观点来说，旅行就是为我们的人生换了一个短暂的场域，是物理变化。旅行就像是换了一个频道，可能从拥挤的大都市换到风景美丽的边境，也可能是从分秒必争的职场切换到时间慢下来的乡村，频道中的你并没有变。在这个场域中的你是否有变化，要看你的内心是否有化学变化的产生。

心理咨询师赵嘉路老师在课堂中分享到："如果我们想了解自己，可以从内到外来分析自己，依次是：内心剧场、人格或性格、信念、态度、行为。而了解他人一般是从外到内，由浅入深。"

行为是表层的展示，最根本的改变是由内而外，实现人生的蜕变，这个过程非常漫长，需要更多的探索，也可能需要一生来完成。很多人可能不需要改变，只需要找到你自己就可以。相信你只要走在正确的道路上，就会有光不断照进来。

第 2 节

学会平衡情绪,创造幸福、快乐和自由

人生的使命就是创造幸福、快乐和自由。无论父母如何委曲求全,无论自己受多少苦,无论一生如何曲折,无论我们的肤色和宗教信仰,我们的一生都在追寻幸福。

时代本身赋予我们很多的使命。在烟火弥漫的历史中,先辈们不得不跟外来侵略者抗争,他们选择暂时的痛苦,是为了赢得未来的和平和独立。在生产力落后的新中国成立初期,我们的爷爷奶奶忍受着饥饿去田间地头劳作,把珍贵的食物优先给我们的父辈。在万物更新的改革开放初期,我们的父辈勤奋地劳作,他们中有的成了企业家,有的成了学者,有的成了老师……现在,"80后"已临近四十不惑,"90后"已经占据职场,对我们

而言,如何从父辈手中接过接力棒,继续跑下去……我们是信息时代的受益者,同时也被信息时代改变了。时代像浪潮,一个浪潮袭来,意味着之前那个浪潮的退去,留在沙滩上的,可能是财富,可能是垃圾,可能是经验,也可能是遗憾。无论留下的是什么,浪潮的更替已经成为不可以改变的事实。

一位知名企业家说过,人不但要追求幸福,更应该有责任和担当。人生在世,应有担当。每个人都要努力做到修身、齐家、兴业、益天下。

每一个责任和担当的背后是更大的幸福、快乐和自由。假如一个人为了家庭,为了企业,为了振兴一个行业、一个国家去担当,那么他是幸福的。虽然过程很艰辛,但是他一定会感觉到幸福和人生的充盈感。

孔子曾说过"士志于道""朝闻道,夕死可矣"。他所真正关注的是现实人生的生命意义,故云:"未知生,焉知死。"在那个贵族都在修建死后的陵墓,追求死后的奢华的时候,孔子从不考虑死后的问题,而是执着于现实人生的追求"其为人也,发愤忘食,乐以忘忧,不知老之将至"。在有限的人生中,争取最大的作为,并从中感到快乐,使生命获得意义。

时光匆匆,走着走着,不知老之降至。我们可以追求人生稳稳的、确定的幸福，比如，欣赏故宫的雪景和落日的黄昏；比如"有人问你粥可温，有人与你立黄昏"。我们也可以追求动荡的、艰辛的幸福，这种幸福不是普通的幸福，是在责任和担当中的幸福，就像除夕夜还在保卫祖国边疆的战士，就像随时面对警情的消防队员，就像为10万员工提供工作岗位的企业家……无论你选择哪种幸福，都要记得，我们人生的使命是追求幸福、快乐和自由。

是什么阻碍了我们拥有幸福，每个人都可以说出很多的原因。而当下对生活的感受，我们的情绪是最真实的反馈。

关于情绪管理，我们总希望有一个简单易行的方法可以解决所有的情绪问题，最好是一次使用，终身有效，从此喜悦常伴，人生无忧。一个人，无论是身体还是精神都极其复杂，假如你心情不好抑郁了，抑郁只是表象，背后可能是心理出现了问题；心理问题的背后又往往是家庭问题和社会问题，家庭问题和社会问题的背后可能是社会发展阶段的问题，也可能是人的局限。如果这个问题处理得当，不但你的心情会变好，你的创伤和矛盾也会得到很好的修复，家人也会收获更加美好的人生。

如果你只是用快速的方法，改善了自己消极的情绪，那么更深的问题就被你隐藏了。

正如中医和西医的区别，中医的治疗思想和方法不是征服与毁灭，而是调和与平衡，它的最高原则不是把侵入的病毒杀死，而在于阴阳平衡下的转化。中医讲究养气、调气、理气，"盛则泄之，虚则补之，寒则热之，热则寒之，促使阴平阳秘，补偏救弊"。而西医则主张头痛就医头，脚痛就医脚。无论中医还是西医，都对保持我们的健康有非常重要的作用。当我们头痛难忍时，就需要一些快速有效的方法来缓解头痛，接下来，则需要养好身体去养气调理。而我们的情绪也是一样。

我们需要一些快速的方法来改善自己的消极情绪，但是对于消极情绪背后隐藏的问题，我们需要长期通过调节自身的认知来预防和应对。人生就是一场修行，情绪只是局部，人生才是整体。

企业家王明夫先生曾说："人生如莲，人生就像是睡莲，成功是浅浅地浮在水面上的那朵看得见的花，而决定其美丽绽放的是水面下那些看不见的根和本。莲花初绽，动人心魄，观者如云，岂知绚烂芳华背后是长久的寂寞等待。"情绪也是如此，情绪就是那朵绽放在水面上的莲花，而决定其美丽绽放的是我们心里那些看不见的根和本。我们的根部要不断生长，正所谓"态度决定命运，气度决定格局，底蕴的厚度决定事业的高度"，让你的情绪之花美丽绽放。

说到整体，我们会想到自己的人格。正所谓"健全的人格是父母给孩子最好的礼物"。如果我们把获得健全人格的希望全部寄托在父母身上，那我们就犯了一个错误，即我们把自己应该承担的责任推给了别人。父母有父母的局限，父母也有父母的无奈，如果父母都没有从自己双亲那里获得健全的人格，你又怎么能要求他们可以给你呢？

世界上没有那么多天生健全的人格，都是在生活中捶打磨炼的坚韧。坚韧是坚强但是不容易脆，是柔韧而温和，是经得起人生的摔打，经得起人生的低谷和高潮。人生最快速的成长，莫过于把自己放到崩溃的边缘，然后获得反思成长。

组织管理学家李书玲老师在她的书中说："一个组织，包含三个要素，即物质、能量和选择。"人也是如此。物质代表我们的身体和我们拥有的物质财富；能量指我们的精神世界和我们的能量场，比如，能量场强的人会比较自信；而我们的一生会过成什么样子取决于我们每一次的选择。是我们之前的选择造就了现在的我们，我们现在选择又成就了以后的自己。

人都需要成长，你不妨问一下自己，对这个社会而言你的价值是什么，你能创造什么。有时候，我们标榜要做真实的自己，

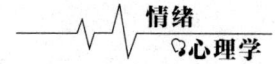

但有时候真实的自己可能没有那么美好，真实的我们可能自私，可能懒惰……我们需要用社会的规则，需要用文明的光芒，需要用对幸福的渴望来指引我们前进，来约束我们人性的恶。

　　幸福快乐是一种选择，情绪平衡是一种能力，这种能力不是一朝一夕就可以获得的，而是需要平时的点点滴滴，需要漫长的岁月加持，需要无数次内心的起伏与挣扎。希望你历尽千帆，归来仍是少年；希望你眼神澄澈，但内心依然火热；希望你可以坚定地告诉自己：无论此生境遇如何，我都有信心过好这一生；希望你拥有创造幸福的能力。